永續圖書線上購物網　讀品文化事業有限公司

www.foreverbooks.com.tw　　　　　　yungjiuh@ms45.hinet.net

資優生系列 36

聰明大百科：地理常識有 GO 讚！

編　　著	王奕言
出 版 者	讀品文化事業有限公司
責任編輯	梁建群
封面設計	林鈺恆
美術編輯	王國卿

總 經 銷	永續圖書有限公司
	TEL ／(02)86473663
	FAX ／(02)86473660
劃撥帳號	18669219
地　　址	22103 新北市汐止區大同路三段 194 號 9 樓之 1
	TEL ／(02)86473663
	FAX ／(02)86473660
出 版 日	2019 年 05 月

法律顧問	方圓法律事務所　涂成樞律師
CVS 代理	美璟文化有限公司
	TEL ／(02)27239968
	FAX ／(02)27239668

國家圖書館出版品預行編目資料

聰明大百科：地理常識有 GO 讚！／王奕言編著.
--初版.--新北市 ： 讀品文化,民 108.05
面；公分. --（資優生系列：36）
ISBN　978-986-453-097-7 (平裝)

1. 地球科學　2. 地理學　3.通俗作品

350　　　　　　　　　　　　　108003312

CONTENTS

① 天外來客的遺跡
——地理謎境大追蹤

②

地球的咒語
——魔鬼地區大冒險

CONTENTS

天氣竟然能夠改變歷史
——趣味地理傳奇

聰明大百科
地理常識 有**GO**讚

④

尋找世界盡頭的寶藏
——地理大發現

CONTENTS

⑤

地球是圓的，歷史是直的
——歷史遺跡的祕密

⑥ 愛發脾氣的地球 ——魔法般的氣象

01 六月飛雪竇娥冤 163
02 既大方又小氣的雨 166
03 神通廣大的風 169
04 為什麼風調才能雨順 172
05 多姿多彩的雲 175
06 雷電的奧祕 178
07 一場海戰的教訓 181
08 奇妙的閃電攝影 184
09 五彩雪花趣事 188
10 神祕的球形閃電 191
11 天降「動物雨」 195
12 海市蜃樓的玩笑 199

CONTENTS

⑦

大自然的惡作劇
——不可思議的地理奇觀

天外來客的遺跡
——地理謎境大追蹤

躲在海底洞穴中的壁畫

1998年7月的一天，法國職業潛水夫亨利・庫斯奎和三位潛水學員一起潛入地中海摩修奧灣40米深的海底。

「咦！前面是什麼？」庫斯奎突然發現前面有一個奇怪的黑糊糊的東西。

於是，他們三個一起朝那奇怪東西所在處游去，原來，是一個黑乎乎的洞，洞口四周還佈滿了珊瑚。他們小心翼翼地潛入洞穴，發現這竟然是一條1米寬的水下隧道。充滿著好奇的他們開始試著在這狹窄的隧道中左右探索。他們來到了一個拱形洞窟，這裡的水深僅及腰際，寬約60米，高2～5米不等。

洞壁顏色白、藍交雜，鐘乳、石筍如林，景象十分奇特。在洞窟內，他們又發現了一個新的缺口。從缺口望進

去，那裡還有一個洞室，30米高的洞頂俯瞰著一個被岩壁包圍著的小湖。庫斯奎將手電筒的燈光照在了洞壁上，發現洞壁上有一些圖案，他趕緊把洞內的奇妙圖案拍了下來。

兩天後，庫斯奎到照相館去取洗好的照片，才發現拍下來的圖案非常神奇，他想這很可能是古人留下的傑作，可是他查考了所有能找到的考古資料，卻一無所獲。

過了幾天，他們再次來到海底。這次，他們驚奇地看到洞窟的西壁有一橫排小馬，洞頂上有一幅巨角黑山羊圖，還有一幅雄鹿圖。東壁上畫著兩頭大野牛和更多手印般的手掌，甚至還有怪異的幾何符號。

他們隨即向法國的考古研究部門作了報告。起初一些專家對此表示懷疑，於是，庫爾丹等專家隨庫斯奎潛入隧道，經過幾天的緊張鑑定之後，再也沒有人對此表示懷疑了。壁畫不僅完全像庫斯奎先前所描述的那樣精美，而且專家們還找到了更多之前沒有發覺的壁畫。後來經過科學鑑定，這批畫已有一萬八千多年的歷史了。

然而，人們疑惑不解的是，一萬多年前古代藝術家是怎樣潛入這個海底洞穴的？洞穴壁畫為何奇蹟般地完好如初？有的考古學家解釋說，那時海平面比今天要低，人們可以很容易地從懸崖下的隧道口進入洞穴。也有一些人認為壁畫完好如初，可能不是一萬多年前的作品，這些壁畫很可能是後

人的偽作。

最早的史前壁畫

目前已經發現的最早的史前壁畫可以追溯到距今三萬一千年前。它是三個洞穴探險者1994年12月在法國阿爾代什地區發現的，被命名為「肖維（Chauvet）洞穴壁畫」。這批畫中繪有懷孕的婦女、獅子、熊、犀牛等各種動物，而且已經靈活運用了透視法，具有優美的線條和細微的明暗變化。

02 被神祕籠罩的英國巨石陣

如今，太空船可以前往火星尋找生命，太空人也可以在月球上漫步，科學家們也已經完成了「生命之書」，破譯了人體的基因編碼序列，但是現代人面對自己祖先留下的一些遺跡仍然只能無奈地搖搖頭、聳聳肩。在英國倫敦西南部100多公里的索爾茲伯里平原上就有這樣一道難題。

1130年，英國一位神父外出時，發現了這座由巨大的石頭構成的圓形石林，這個奇特的古蹟被稱為「巨石陣」、「索爾茲伯里石環」、「太陽神廟」、「史前石桌」等。這些讓人眼花繚亂的名稱揭示了人們對這個史前遺跡的迷惑和不解。

巨石陣大約占地11萬平方米，幾十塊巨石圍成一個大圓

圈，每塊石柱大約重50噸，最高的有10米，還有不少是架在兩根豎直的石柱之上的。

這些石柱的主要成分是藍砂岩，而藍砂岩主要存在於南威爾士的普利賽力山脈中。

這些史前人類究竟是如何將石柱從遙遠的地方運送過來的？他們又是怎樣把這些石柱搭建在一起的？目前，考古學家還沒有得出一個確切的答案。

另外，這個巨石陣是用來做什麼的呢？這也是一個讓歷史學家們迷惑的問題。有人認為這是一個遠古時代顯赫家族的墓地，有人覺得這是一個天文觀測台，甚至還有人認為這是一個「康復治療中心」。

不管答案是什麼，在英國人的心目中，這裡都是一個神聖的地方。到現在為止，這個巨石陣已經成為英國最受歡迎的景點之一。參觀的人往往認為建造圓形石林的古代人中一定有偉大的發明家和工程師。

關於巨石來源的推測

　　據統計，迄今發現的巨石陣共有人工琢鑿過的巨石130多塊。這些巨石的來源引起了許多推測。

　　人們曾經認為這些巨石中的藍砂岩石采自威爾士南部的普雷斯塞利山脈，這些藍砂岩塊被放在木筏上由水運而來。但也有地質學家認為，巨石陣的石頭種類繁多，也許是由冰川活動把它們從更遙遠的地方帶到附近，然後被建築者採集來用做材料的。

03 誰建造了復活節島上的巨型雕像

1722年的某一天，荷蘭的一個艦隊司令羅格文率領三艘軍艦在南太平洋航行，突然，在他的前方閃爍著一個亮點。

「難道是一座島嶼？」他想，「為什麼航海圖上沒有標出呢？」

當他們慢慢靠近小島的時候，發現島上四周似乎站滿了黑壓壓的人群，他們高大魁梧，那身高和自己相比，自己簡直就成了巨人之下可憐的侏儒。並且那巨人還巋然不動，當場就把他們嚇得膽戰心驚，不寒而慄。

待他們壯著膽量，下船走上島時，他們發現原來這是一

批巨石雕像。

這些石像大小不一，最高的22米，相當於5層樓房的高度，腦袋長7米，直徑3米，鼻長3.4米，軀幹13米，最重的達400噸以上，最輕的也有幾噸，平均重量60噸左右。

這些石像的造型非常奇特，高高的鼻子翹起，薄薄的嘴唇閉著，像是表示輕蔑，又像是表示嘲笑。沒有眼珠，只是在斜面的前額下凹陷著兩個輪廓分明的眼窩。眉弓寬大，耳廓偏長，雙手按著肚皮，神情嚴肅，似乎在望空懷想，又像在對海沉思。他們肩並肩站在一起，氣勢磅礴，雄偉壯觀。

之後，羅格文帶領著同行的人在島上環遊了一周又意外發現，這些石像大部分站在島嶼的四周，也有的還躺在採石加工場裡，剛剛完工或尚未完工，也有的棄置在搬運的路上，倒伏在荒野草叢之中，總計有一千多尊。

「是誰雕製了這些人像？又用什麼方法把它們運送到海邊的？它們長年累月站在島邊的崖岸上，期待著什麼？」這在他們的頭腦中出現了一連串的問號。

因為這一天是復活節，所以他們把這個小島稱作復活節島。

你知道嗎？從當初羅格文他們發現此島到如今，在這200多年間，所有的來訪者都對過些石雕像疑惑重重。

人既無運輸機械，又無吊裝設備，是怎樣把幾十噸的巨

石人像從好幾公里外的採石場搬運到海邊呢？又怎樣把這些龐然大物安放在4米多高的石台上面呢？他們是怎樣把這麼笨重的帽子安放在石像頭上的？又是什麼樣的力量驅使他們去建造這些巨大的藝術品和建築物？

復活節島地處偏僻的一角，又是位於浩瀚的太平洋之上，與世隔絕。島上只有少量的土著居民，又沒有高大的樹木作運輸工具，僅憑簡陋的工具，要完成如此浩大的工程簡直令人不可思議。

要完全揭開整座島嶼石像的祕密很困難，但是根據被推倒、摧毀的石像遺跡，考古學家還是揭開了得到了一些合情合理的推測，認為這些石像的建造過程就是在島上生活的人們對於神聖力量從堅定執迷到走火入魔的過程。

這裡的居民將這些石像視為自己的守護神，每個部落都有自己的石像。為了保佑自己的部落豐收和好運，他們不斷地建造更大更多的石像，為了運送這些石像，島上的樹木最終被砍伐殆盡，食物開始短缺，他們也把怨氣發洩在石像身上，巨石像因此被推倒，至今只留下遺跡，讓後來人引以為戒。

復活節的由來

　　在歐美各國，復活節是僅次於聖誕節的重大節日。按《聖經·馬太福音》的說法，耶穌基督在十字架上受刑死後三天復活，因而設立此節。

　　根據西方教會的傳統，在春分節（3月21日）當日見到滿月或過了春分見到第一個滿月之後，遇到的第一個星期日即為復活節。東方教會則規定，如果滿月恰好出現在這第一個星期日，復活節則再延遲一週。因此，節期大致在3月22日到4月25日之間。

04 撒哈拉壁畫到底出自誰手

1933年，法國殖民軍的兩個軍官科爾提埃大尉和布雷南中尉，在阿爾及利亞南部地區巡查的時候，偶然在撒哈拉沙漠中部的塔西里高原上，發現了精美奇異的壁畫。

刻在岩石上的壁畫，有獵人、車夫、大象、牛群以及宗教儀式和家庭生活場面。於是，布雷南中尉，用速寫的方法描下了一些壁畫上的場景。回國後，他把這些圖畫公佈於世，立即引起了極大的迴響，特別是強烈吸引了世界探險家們的目光。

法國人亨利・洛特也被此深深吸引了。他是一個孤兒，是在一個艱苦的環境下長大的，後來，他當了飛行員，又因一次偶然的事故，失去了聽力，不得已才結束飛行生涯。但

是，他對撒哈拉沙漠的嚮往卻始終沒有改變。

特別是布雷南中尉帶來的速寫壁畫，更加讓他對那嚮往不已。他一直渴望組織一支考察隊到塔西里去，把沙漠中的壁畫按原來的大小和色彩臨摹下來。

可是，亨利‧洛特十分清楚地意識到，就他當時的狀況，特別是自己連一張中學文憑都沒有，所以沒有人會回應他的號召。

於是，他發憤學習，用半工半讀的方法，獲得了巴黎大學博士學位。但倒楣的是，正當他躊躇滿志，準備到沙漠裡臨摹壁畫的時候，第二次世界大戰爆發了。

不幸再次降臨到他的身上──由於脊椎受傷，只好臥床休息十年之久，到沙漠探險、臨摹壁畫的希望又成了泡影。在這之後的日子裡，雖然他痛苦著，彷徨著，但是，他絕沒有消沉，心中的那股熱情依然如舊。

當他身體恢復後，就立即請示政府和科研機構支持，組成一支考察隊，決定向撒哈拉沙漠進軍。當時身邊的人都對他說：「沙漠裡條件惡劣，白天狂風呼嘯，沙石飛揚，臨摹壁畫不是件容易的事情。」

「那些壁畫有的是刻在彎曲懸空的岩石上，有的是在岩裂處，臨摹它要冒很大風險。」可是，意志堅強的洛特根本聽不進朋友的勸告，還是帶著四名畫家、一名攝影師，來到

了撒哈拉大沙漠深處的塔西里高原上，尋找壁畫。

很幸運，他們找到了。之後，他們忍受著嚴寒和酷暑，缺水和孤寂，足足用兩年多時間，終於臨摹了1500平方米的壁畫。

回到巴黎後，他把臨摹抄本在羅浮宮展出，立即引起了強烈的轟動。人們看到了遠古時代人類祭神的場面、狩獵的情景，舉辦宴會的盛況，還看到了栩栩如生的田園風光。

在今天極端乾燥的撒哈拉沙漠中，為什麼會出現如此豐富多彩的古代藝術品呢？後來，美國太空總署對日本陶古的研究結果，竟然意外地披露了一點撒哈拉壁畫的天機。

日本陶古，是在日本發現的一種陶製小人雕像。經過美國太空總署科研人員鑑定，認為這些陶古是一些穿著太空衣的太空人。它們與撒哈拉壁畫上的畫像有著相似的服飾，因此，他們認為壁畫可能就是天外來客的另一遺跡。

撒哈拉沙漠

　　撒哈拉沙漠大約形成於250萬年以前，是世界最大的沙漠，也是世界上除南極洲之外最大的荒漠，氣候條件極其惡劣，是地球上最不適合生物生長的地方之一，總面積約9065000平方公里，幾乎占滿非洲北部全部。

　　它西瀕大西洋，北臨阿特拉斯山脈和地中海，東為紅海，南為薩赫勒一個半沙漠乾草原的過渡區。

05 上帝之手留下的荒原「線畫」

20世紀30年代，一位美國的飛行員，在祕魯西南部沿海伊卡省東南角的一個小鎮與安第斯山之間的荒原上空飛過時，他看到地面上有非常醒目的縱橫交錯的「線條」。起初他還以為那是印第安人的古運河。

這位飛行員回去後把他在空中的所見告訴了別人，許多人聽到這件事後疑竇叢生，極為乾燥少雨的納斯卡地區怎麼會有運河呢？但如果不是運河那又是什麼呢？聽到這件事的美國考古學家科遜克決定進行實地考察，弄明事情的真相。1940年，科遜克率領一個考察隊開進了納斯卡荒原。

開始，他們確實在這片佈滿沙石的荒地上發現了一條條或直或彎像溝槽似的東西，它們是做什麼用的呢？怎麼又淺

又窄。很明顯，那根本不是什麼運河。

為了弄清這些溝槽所構成的圖案，考察隊員們想出了一個辦法：他們各自手拿指南針，分別沿著「溝」行走，同時在地圖上畫下自己所走過的「溝」的方位和形狀，當他們最後把各人所畫的圖形匯總到一張地圖上時，都出現了奇蹟：出現在地圖上的分明是一隻喙部突出的巨鷹！

這隻鷹的翅膀長90米，尾巴長40米，而它的嘴足有100米長，並且還與一條1700米長的筆直的溝相連接，好像它正伸嘴到溝裡飲水似的。這使考察隊員們大受振奮，他們認為這可是發現於世界上的又一大奇觀。於是他們請求祕魯政府幫助，用直升機來觀察這片荒原上的巨畫。

當飛機飛到一定的高度，從某個適當的角度向下看去，展現在人們眼中的情景，竟如同一張巨大的畫布，上面描繪著一幅幅各式各樣的圖案。這些巨大圖畫由許多深0.9米、寬15公分至數米的人工溝組成，這些畫一般都有幾百平方米大，圖案中有由南向北縱貫各地、精確到誤差不超過一度的直線；也有如三角形、圓形、矩形等幾何狀的圖案；但最多的還是各種動物和一些植物的畫像，如蜥蜴、蜘蛛、逆戟鯨、駱駝、鷹、蜂鳥、猴子、仙人掌、海草等。此外，還有一些人形圖案，他們身軀高大，情態各異，其中有一個巨人高達620米，身體挺得直直的，兩手叉腰，氣勢威嚴，還有

些巨人頭上似乎戴著王冠。

　　更加令考察隊員們感到驚奇的是：荒原上的圖案隔一段距離竟會重複出現，在不同地方重複出現的圖畫如出一轍，彷彿是用影印機複製出來的一般，真是讓人嘆為觀止。

納斯卡線畫用途之謎

　　有考古專家認為，納斯卡線畫大概創作於西元前500年至西元500年，可能是印加王朝興起前，由居於祕魯的土著完成，圖像和線條代表一部「世界最大的天文學書籍」。他們認為這些圖像和線條用於測定星宿在一年中不同時間的位置，以決定播種和收割的時間，例如有些鳥形圖案的喙跟夏至的日出位置連成直線。還有人猜測這些巨畫可能是有實用價值的古地圖，巨畫標明了寶藏的所在之地，但一般人無法讀懂這些「密碼」。

　　也有人認為，這些圖案可能是古納斯卡人舉行盛大體育活動的場所，那些圖案是為各項體育活動而設計的。還有人認為，荒原圖案可能是古納斯卡人舉行宗教儀式的場地，那些圖案中的每個圖像分別為各個氏族的圖騰。不過，以上種種均為人們的假想和猜測而已。

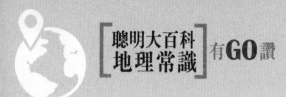

06 巨石浮雕的神祕面紗

委內瑞拉是位於南美洲北部的一個國家，這裡既有崇山峻嶺，也有湖泊林立，吸引了無數探索者的目光。

20世紀初，一個墨西哥小考察隊就來到了委內瑞拉的一片崇山峻嶺中尋找古城遺址。轉著轉著，他們就在茂密的森林中迷路了。正當他們胡亂四轉的時候，無意間來到了一個森林比較稀疏的地方，他們想坐下來休息一下時，一個眼明手快的考察隊員發現了靜臥在草叢中的一大塊巨石。

這一塊巨石的面積非常大，大約有幾公里大小，石頭表面有許多不太明顯的奇怪圖案。這個考察隊員高興得歡呼雀躍，以為他找到了所謂的黃金寶庫。

當他把這個發現告訴給那些正在小溪邊喝水的同伴後，

大家的情緒馬上就激動起來，都立刻沿著巨石向四面搜索，想找到夢寐以求的「財寶之門」。

可令他們很失望的是，考察隊員們搜尋了很長時間，卻沒有發現任何新的有價值的東西。迷路、勞累加上天色已晚，考察隊員們只好在巨石旁野營。

第二天清晨，當太陽升起，陽光以特定的角度照射到巨石上時，奇蹟出現了：這塊大巨石上出現了許多光怪陸離的美妙圖像，讓人眼花撩亂，目不暇給。當陽光轉移而偏離了這個角度時。圖像也隨之消失了。

考察隊的這一發現在當時引起了轟動，許多探險家、考古學家決定前往這個神祕的地方去欣賞那些神祕的圖像。

透過考古學家們的觀察發現，這塊大石上的浮雕圖像共有7幅。中間一幅是一條巨蛇，近蛇頭處刻著幾個大鐘；還有一幅圖像是一個穿著奇怪裝束、頭戴盔甲的武士，除此之外還有一幅極像人但又不是人的「怪物」，有人推測：這是否就是「太外來客」外星人的形象呢？這些浮雕是否是外星人訪問地球後留下的呢？

所有的一切困擾著我們，等待著我們去發覺它真正的答案。

浮雕圖案之謎

　　委內瑞拉的巨石浮雕不是自然形成的，而是經過人工雕刻的。圖像和石塊表面的刻痕以及陽光照射的角度有著某種關係，究竟是怎樣的一種關係，目前人們也說不清楚。

　　但是有一點是可以肯定的，雕刻者對光學原理有一定的研究，透過對光學原理的研究，巧妙而準確地把握住了雕刻的角度和刀口深度，因而只有陽光射到某一角度時才能清楚地看到浮雕的圖案。

阿爾泰米拉山洞中的奇異壁畫

1879年的一天，業餘考古學家馬塞利洛‧德‧索圖勒帶著他九歲的女兒瑪利亞，來到了北西班牙的阿爾泰米拉進行考古發掘工作。

馬塞利洛很快地投入到了自己的工作中，他幾乎忘記了身邊的女兒。小瑪利亞則好奇地東瞧瞧西看看。

不一會兒，她發現在不遠處有一個山洞，於是手拿提燈信步走了進去。突然，馬塞利洛聽到了女兒的尖叫：「公牛，公牛，爸爸，快來啊！」他急忙扔掉手中的工具，順著瑪利亞的聲音往洞內跑去。

馬塞利洛順著女兒的手指望去，不禁被眼前的景象嚇呆

了：在約60英尺長、30英尺寬的洞頂上，畫著十幾隻情態各異的野牛、野豬、馬、羊等動物，畫面上的野牛有的在用前蹄刨地，有的在仰脖吼叫，還有的中了長矛奄奄一息……形態各異，栩栩如生。更令人驚嘆的是，這些動物竟然分別是用褐色、黃色、黑色和紅色的顏料塗畫成的。

隨後，在洞內的其他地方，馬塞利洛又發現了一些類似的繪畫。憑著自己深厚的專業知識，馬塞利洛判斷：這些畫距今至少有一萬年的歷史。但是，這究竟出自何人之手，又是如何創作的，這些原始繪畫究竟又有何功用，都讓馬塞利洛感到疑惑重重。

阿爾泰米拉山洞的繪畫，引起了科學家們的濃厚興趣，他們首先要弄清楚的是，如此精湛的藝術，是什麼人創作完成的呢？

一些考古學家推斷，生活於西元前3.2萬年至1萬年間的克羅馬尼翁人是這些壁畫的作者。當時，他們用尖銳的石頭在石壁上刻出了這些作品的輪廓，然後再用手指或羽毛、獸毛等製成的刷子，蘸上鐵礦石和動物血、脂肪以及植物汁液製成的顏料進行上色，有的顏料可能還是用空心的蘆稈吹上去的。

可是，在這黑漆漆的洞內，克羅馬尼翁人是用什麼方法進行照明的呢？他們又是依靠什麼工具在距地面幾米高的地

方作畫的呢？這些畫為什麼不畫在離地面近的洞壁上？

　　關於這些原始繪畫的功用，也有多種說法。有人說這些畫是原始宗教的產物，是供原始的先民們頂禮膜拜的；也有人說它是教育年輕人如何狩獵的教材；還有人說它是人類早期的審美活動，具有娛樂的作用。但是，究竟哪種說法更科學更具權威性，考古學家們都很難說明白。

世界上的山洞壁畫

　　自小瑪利亞發現阿爾泰米拉山洞壁畫之後，人們又陸續在歐洲的其他地方，發現了100多處飾有石器時代繪畫和雕刻作品的洞穴。

　　據科學家考證，這些繪畫作品的製作時間至少有1.5萬多年，有的甚至已有兩三萬年的歷史。由於洞內良好的通風和經久不變的溫度、濕度，阿爾泰米拉山洞的繪畫是保存得最完好的，可以說是原始藝術的典範。

08 大海上的無人船

　　小威的叔公是一位退了休的老船長，小威十分敬佩他，這不只是因為叔公有幾十年的漂洋過海的經歷，令他很嚮往，還因為叔公裝著滿滿一肚子有關大海的故事。

　　小威從他那裡聽到了許多這樣的故事，但還是不滿足。這一次，他又請求叔公給他講一些關於大海上的無人船的故事。

　　叔公跟他說：「到目前為止，人們在茫茫大海上已發現過好幾十艘無人船，這些船孤獨，奇異而神祕，就像在跟我們訴說著一樁樁離奇故事，但似乎又無從說起。例如，1855年2月28日，英國三桅帆船馬拉頓號在北大西洋遇到一艘美國無人船圖瑞姆斯・切斯捷爾號。該船風帆垂落，空無一

人。而船隻完好，貨物依然如故，食物淡水充足，也無任何搏鬥和暴力的跡象，只是不見一人，也找不到航海日記和羅盤。

1880年，人們在美國羅德艾蘭州紐波特市伊斯頓斯·比奇鎮附近的海面上發現一艘名叫西拜爾德的無人船，船長室的早餐尚在，而全體船員卻不知去向了。

1881年12月12日，美國快速機帆炮艦愛倫·奧斯丁號在北大西洋上巡遊時，發現一艘無人帆船。該船內除無人外，一切正常，水果、瓶裝酒、淡水、食物完好無缺。奧斯丁號艦長格里福芬命令幾個水兵留在這條帆船上，由他的軍艦拖著這條船航行。不幸的是，離海岸還有三天路程時，突然海上狂風大作，拖帆船用的纜繩斷裂，黑夜茫茫，兩船失去了聯繫，呼叫無音。第二天，當愛倫·奧斯丁號找到該帆船時，艦長派出的水兵都不見了！離紐約只有300公里，眼看就要到家了。格里福芬艦長只得用重金買動了幾個人到那艘帆船上去。

這一天能見度很好，微風習習。黎明前，愛倫·奧斯丁號舵手發現船偏離了航線，當他回頭再看拖著的帆船時，不禁大吃一驚：帆船不見了！就這樣，這艘帆船神祕失蹤就成了世界航海史上的一個不解之謎。」

無人船之謎

　　有科學家認為這種，海洋上的無人船有可能是受到海洋次聲波的作用而造成的。海洋次聲波一般在風暴和強風下出現，其頻率低於20赫茲，人耳收聽不到。而通常人耳所能接受到的聲波頻率範圍是在20～20000赫茲內。

　　在不損失強度的前提下，頻率越低的聲波傳播越遠。次聲波頻率較低，能量消耗極小。所以，在空氣中，次聲波與聲波、光波、無線電波相比，傳播距離遠且不衰減。

　　海洋上，如果是大風暴，次聲波的功率可達數十千瓦，並且傳得很遠。當海船遇到這種強能量的次聲波時，次聲波對生物體會造成輻射現象。

　　某些頻率的次聲波，可引起人和動物的疲勞、痛苦，甚至導致失明。同時，過強的次聲波常使人和動物產生驚恐情緒，導致船上的人員跳海自殺而失蹤。

地球的咒語──
魔鬼地區大冒險

01 喜歡「亂吃東西」的百慕達

在大西洋上，有一塊神祕的三角形海域，它位於百慕達群島、佛羅里達半島南端和波多黎各三點連線組成的三角形之內，被稱為「百慕達三角區」。這裡發生了很多不可思議的故事。

1945年12月的一天，美國第十九飛行隊的隊長泰勒上尉，帶領14名飛行員，駕駛著5架復仇者式魚雷轟炸機，從佛羅里達州的一個機場起飛，進行飛行訓練。泰勒上尉是一位有著在空中飛行2599小時的飛行記錄的資深飛行員，經驗非常豐富。

但當飛行的機群越過巴哈馬群島上空時，基地突然收到了泰勒上尉的呼叫：「我的羅盤失靈了！」「我在不連接的

陸地上空！」以後兩個小時無線電通信系統斷斷續續，但是還能顯示出他們大致是向北和向東飛。下午4點，指揮部收到泰勒上尉的呼叫：「我弄不清自己的位置，我不知在什麼地方。」接著電波信號越來越微弱，直至一片沉寂。指揮部感到這事不大對頭，立即派一架水上飛機起飛搜索。半小時後，一艘油輪上的人看見一團火焰，那架水上飛機墜落了。

在短短的6個小時，6架飛機，15位飛行員一下子都不見了。他們消失得莫名其妙。這件事使美國當局受到極大的震動，軍方決心查個水落石出。

第二天，美國軍方在廣達600萬平方公里的海面上，出動了300架飛機和包括航空母艦在內的21艘艦艇，進行了最大規模的搜索。搜索範圍從百慕達到墨西哥灣的每一處海面，時間達5天之久，可仍沒能找到那6架飛機的蹤影。

其實，像這樣無法解釋的船隻或飛機失蹤事件，早在19世紀中葉就早已發生過。

1840年，一艘名叫「洛查理」的法國貨船航行到百慕達海面時，人們就發現船上食物新鮮如初，貨物整齊無損，而船員卻全神祕地失蹤了。

1918年3月，一艘裝載著錳礦的美國海軍輔助船「獨眼神」號神祕失蹤。這艘巨型貨輪擁有309名水手，並有著當時良好的無線電設備，竟沒有發出任何呼救信號就無影無蹤。

　　1951年，巴西一架水上飛機在搜尋他們一艘在這片海域失蹤的軍艦時，發現百慕達海域的水面下有一個龐大的黑色物體，正以驚人的速度掠過。

　　據說，自1945年以來，在百慕達三角已有數以百計的飛機和船隻神祕失蹤。如此之多的失蹤事件，讓人們再也無法相信其出自偶然。百慕達三角之謎自出現以來就眾說紛紜，但百慕達之謎至今沒有徹底解決。

百慕達三角之謎

　　百慕達三角為何發生了這麼多神祕的事件？人們對此提出了種種不同的看法。有人認為百慕達海底有巨大的磁場，因此會造成羅盤失靈。有人認為百慕達區域有著類似宇宙黑洞的現象。但「黑洞」是在太空中的一種狀態，在地球上是否有黑洞，還有待於證明。

　　有人認為百慕達海域海底有一股潛流與海面潮流發生衝突時，就會造成海上事故。但這股海底的潛流又是怎樣形成的呢？到現在也沒有一個較為合理的解釋。

 02
會噴「毒氣」的尼奧斯湖

　　非洲的喀麥隆，是一個擁有很多火山的國家，在這裡，火山湖星羅棋佈地點綴著大地，其中有一個火山湖因為可怕的聲名而聞名世界，這便是尼奧斯湖。本來，尼奧斯湖是非常平靜而美麗的，令人意想不到的是，1986年8月21日，這裡竟成了可怕的殺人湖。

　　8月21日晚上，尼奧斯湖在暗淡的星光之下泛動著閃爍的粼粼微波，平靜得就像一個已熟睡的嬰兒。

　　突然，一陣沉悶的聲音震動著大地。在蒼茫夜色中，一股巨大的氣柱從尼奧斯湖中噴湧而出。高達80米的氣體噴發，在湖面上掀起了洶湧的波濤，席捲著湖岸樹木，頃刻間將一棵棵翠綠的樹木掀倒，並拖入水中。氣柱隨即瀰漫為氣體的長河，向山谷底的小村莊傾瀉而來，煙雲瀉至山谷地帶

達16公里。

頓時，村莊幾乎被大約50公分厚的煙雲吞沒。尼奧斯湖鄰近的小村莊也被這邪惡的煙雲籠罩。湖裡釋放出大量氣體，使湖面下沉了一半，以往清澈的尼奧斯湖，被湖底湧上的這可怕的氣體污染。陣陣惡臭氣味熏人，村莊中的有些人還在睡夢裡就因窒息而死，有些人則在一片熱烘烘的炙燒中失去了知覺。這種氣體彷彿一顆氫彈爆炸，瞬間奪去了無數人的生命。而一切建築物卻還原封不動地留在那裡。氣柱到26日才停止噴發，就在這場災亂中，有1746人以及2萬多頭牲畜因當場窒息而喪生。

這股氣體是什麼？為什麼具有這麼大的殺傷力呢？科學家們對湖水進行了採樣分析，發現湖水中溶解著極高含量的二氧化碳。當湖中氣體噴出後，人畜就因嚴重缺氧而窒息死亡。

究竟是什麼原因致使尼奧斯湖噴出高濃度的二氧化碳呢？科學家們進行了探討。他們認為：尼奧斯湖位於一座死火山的火山口內，在湖面下地殼深處存在著熔岩。地層深處的二氧化碳緩慢向湖底滲進，並逐漸溶解於湖水中，密度不斷增大。而湖表層的冷水就像一個大蓋子蓋在上面，使二氧化碳及其他有害氣體難以散發。因此，尼奧斯湖就成了一顆定時炸彈，只要遇到地震或地層變化，湖表層的「蓋子」就

會發生震盪，失去平衡，濃度極高的二氧化碳也就有可能劇烈地噴發。

　　到底尼奧斯湖還會不會再洩漏毒氣呢？直到今天，科學家仍無法給出一個確切的答案。因為沒有人會跑到尼奧斯湖底去一窺究竟，也沒人能控制喀麥隆的火山和地層的變化。

火山湖

　　火山噴發後，噴火口內大量浮石被噴出來，加上揮發性物質散失，噴火口的頸部就會塌陷形成漏斗狀窪地。如果遇上降雨、積雪融化或者地下水湧出，火山口就會儲存大量的水，進而形成火山湖。

　　世界著名的火山湖有瓜地馬拉的特蘭湖、土耳其的穆魯特湖、義大利的維克湖、美國阿拉斯加的卡特邁火山湖、澳大利亞的藍湖等，而中國著名的火山湖則有長白山的天池、黑龍江的鏡泊湖、五大連池等。

到北緯30度去冒險

沿地球北緯30°線前行，眼前既有許多奇妙的自然景觀，又存在著許多令人難解的神祕怪異現象。

從地理佈局大致看來，這裡既是地球山脈的最高峰──珠穆朗瑪峰的所在地，同時又是海底最深處──西太平洋的馬里亞納海溝的藏身之所。世界幾大河流，比如埃及的尼羅河、伊拉克的幼發拉底河、中國的長江、美國的密西西比河，均是在這一緯度線入海。

更加令人困惑的是，這條緯線又是世界上許多令人難解的著名的自然及文明之謎所在地。比如，恰好建在地球大陸重力中心的古埃及金字塔群，以及令人難解的獅身人面像之謎，神祕的北非撒哈拉沙漠達西裡的「火神火種」壁畫，死海、巴比倫的「空中花園」，傳說中的大西洲沉沒處，以及

令人驚恐萬狀的「百慕達三角區」，讓無數個世紀的人類嘆為觀止的遠古馬雅文明遺址。這些令人驚訝不已的古建築和令人費解的神祕之地會聚於此，不能不叫人感到異常的蹊蹺和驚奇。

地球北緯30°線常常是飛機、輪船失事的地方，人們習慣上把這個區域叫做「死亡漩渦區」。除了令人驚恐的百慕達，還有日本本州西部、夏威夷到美國大陸之間的海域、地中海及葡萄牙海岸、阿富汗這5個異常區。除了北緯30°線，在地球南緯30°線上也同樣有5個異常區。細心的人們在把這10個異常區在地球上一一標注以後，驚奇地發現它們在地球上幾乎是等距離分佈的，如果把這些異常區互相連接，整個地球就會被劃成20多個等邊三角形，每個區域都處在這些等邊三角形的接合點上。

這些暗藏危險的三角區域大都處在海洋水域，在海水運動上表現為一種大規模的漩渦。那裡的海流、漩渦、氣旋、風暴、海氣和磁暴的作用，都要比其他地區劇烈，而且這些大規模的海洋運動一直頻繁交替出現，因此給人類帶來特別巨大的災難以及隱痛與不安。

北緯30度之謎

　　為什麼北緯30度這麼神祕？它們是偶然巧合，還是受到人類暫不可知的某種力量主宰？許多人提出了不同的猜測和假想。

　　有人認為，北緯30度處於亞熱帶和溫帶的過渡地帶，是最適合於人類生存的地帶，所以早期文明和社會很容易在這個地帶發展起來。

　　也有人認為，地球由歐亞板塊、太平洋板塊、印度洋板塊、北美洲板塊、南美洲板塊，南極洲板塊、非洲板塊這七大板塊構成，其中六大板塊的交接地帶都在北緯30度附近。板塊在地質歷史時期漂移的過程當中，有的俯衝，有的被抬升，比如印度板塊把歐亞板塊抬升起來，形成了最高的世界屋脊。這種觀點對北緯30線上的自然奇觀做出了一些解釋。

　　還有人認為，這些神祕現象可能是地球磁場、重力場和電場以及其他物理量的差異所致。

04 令人生畏的龍三角海域

　　一天，曉曉在地理學習網站上瞭解到，在台灣東北部的太平洋上，有一個與百慕達「魔鬼三角」齊名的三角區，也就是東亞的「龍三角」。在這裡，飛機和船隻經常會出現羅盤失靈、無線電通訊故障或中斷等現象。也會碰到「三角浪」從三個方向向船隻猛然襲來。這同百慕達「魔鬼三角」所處海區相差無幾，同樣隱匿著未知的神祕性，造成了眾多船艦及飛機的神祕失蹤。

　　於是，她就把這些告訴了班上在地理知識方面有專家之稱的小柯。可小柯不以為然地說：「這個我早就知道了，我還知道得相當詳細呢！明天我把我爸的那本科普雜誌帶給你們看看。」

　　果然，第二天，小柯把他的那本書帶來了。他找到有關

內容並大聲向周圍人宣讀道：1957年4月19日，日本輪船「吉川丸」沿「龍三角」航線由南太平洋駛向歸國途中，船長和水手們突然清楚地看到兩個閃著銀光、沒有機翼、直徑10多米長、呈圓盤形的金屬飛行物從天而降，一下子鑽入了離輪船不遠的水中，隨後海面上掀起了奔騰的湧浪。

1980年5月中旬的一天，馬尼拉南港海岸自衛隊無線電控制室突然接到一艘叫「海松」號貨輪的求救信號，說它在呂宋島北方、台灣南方的海面遇難，但在毫無預兆的情況下，它的簡短、急促的呼救信號突然中斷。據說，當天這個海域天氣晴朗，波浪不驚，海面平若明鏡。那麼，究竟是什麼原因使這艘貨輪突然失蹤呢？

1981年4月17日，「多喜丸」航行在日本東海岸外海。忽然間，一個閃著藍光的圓盤狀物體從海中冒出來，掀起一陣大浪，它的直徑約在200米左右。在它出現時，船上無線電失靈，船上信表的指針也亂成一團，瘋狂地快速旋轉。後來，它重新飛回海中，又造成大浪，把「多喜丸」的外殼打壞了。船長臼田計算了一下時間，來自海中的發光飛行物從出現至隱沒共約15分鐘；然而就在它鑽回水後，船長發現船上的時鐘奇異地慢了15分鐘。

小柯一口氣宣讀了這麼多的神祕事件，周圍的同學都目瞪口呆了。

探索追蹤

龍三角之謎

　　「龍三角」地區連續不斷的神祕失蹤事件究竟是怎樣引起的呢？有人認為是磁偏角現象使航行中的船隻迷航甚至失蹤；有人則認為這片海域經常出現颶風，使得那些過往船隻的導航儀器全部失靈，最終導致船隻失事。

　　還有些科學家經過研究發現，在日本龍三角西部的深海區，地殼下面的岩漿具有隨時衝破薄弱地殼的威脅，這種巨大的威力足夠穿透海面將海面上方的一切物體瞬間吞噬，然後在轉瞬之間平息下來，不會留下任何證據。

05 「生命禁區」羅布泊

在一堂地理課上，劉老師正在給學生上課，他要學生們說說自己在課外知識上瞭解的有關羅布泊的知識。

同學們紛紛舉手回答，其中付卿同學精采的講解讓大家嚇呆了：「在歷史上，羅布泊曾是『絲綢之路』的必經地帶。那時，來往商旅、遊客穿過這個險惡地區，經常因饑渴而死。於是這被人們稱之為『死亡之地』。

唐朝著名的大旅行家玄奘法師去印度取經，也曾走過這一段路程。好不容易才從那得以死裡逃生。」

在這精采之處，劉老師補充道：「羅布泊，曾是中國第二大鹹水湖，它位於新疆塔克拉瑪干沙漠的東部，西起塔里木河下游，東至河西走廊，南鄰阿爾金山，北到庫魯克山。

它的自然條件其積惡劣，不僅沒有人煙，就連生物也難以生存。」

付卿同學又接著說，神奇的羅布泊牽動世界視線的有這麼幾處：

一是關於人物神祕失蹤之謎。20世紀80年代在這裡神祕失蹤了著名科學家、中國科學院新疆分院院長彭加木。人們只知道彭加木失蹤的地點位於羅布泊東南，距離湖盆底部有300公里，離原子彈試驗區更遠。他失蹤後，國家出動了飛機、武警戰士到處尋找，轟動一時，卻連屍骨也沒有看到。

二是關於羅布泊漂移之謎。西元1876年，俄國探險家普爾熱瓦斯基來到羅布泊探險考察，首次提出了羅布泊的漂移觀點。這一觀點遭到德國的李希霍芬的反對，他認為這位俄國探險家考察的地方不對，真正的羅布泊還在北部。隨後，英國的斯坦因、瑞典的斯文赫丁等先後到羅布泊考察，認為雙方都沒有錯，羅布泊遊移到喀拉和順去了。但是，至此，科學界還不明白它漂移的原因。

三是關於羅布泊風雪之謎。羅布泊是中國最乾旱的地區，年降水量只有13毫米，蒸發量高達4000毫米，出現降雪天氣實屬罕見。可是，2006年1月4日凌晨3點左右起，直到第二天中午12點，中國一支科學考察隊在羅布泊地區遭遇了一場大雪，沙丘上覆蓋著5～10公分的積雪，茫茫無際。然

而20分鐘後，沙丘上的雪突然消失，放眼望去，又是一片沙漠，腳下的沙漠也很乾爽，根本沒有化雪的痕跡，可當時沒有陽光，溫度也是零下14～15，雪不可能融化，而且當時地下的沙還是乾的。

聽完她的講解之後，同學們一致認為付卿的地理課外知識非常豐富，劉老師在此時開口了：「同學們，建議你們都向她學習，不斷擴大自己的知識。」

羅布泊趣事

科考隊員們在羅布泊曾發生過一些有趣的事：他們吃剩的酸黃瓜放在地面上僅半天工夫，水分就被蒸發殆盡，成了黃瓜乾；汗水濕透的衣服很快就被吹乾而成為硬梆梆的盔甲；每天晚上脫下的皮鞋第二天清晨就變形穿不上了，使隊員們難以忍受。皮革變形是由於皮革中的一點點水分也被極端乾旱的空氣「掠奪」光了。

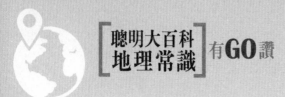
06 鄱陽湖上的神祕白光

1945年4月16日這一天，一艘名叫「神戶丸」的日軍運輸船飛快地行駛在鄱陽湖湖面。這是一艘2000噸的運輸船，船上有286個侵華日軍，船上裝滿了搜刮搶掠來的金銀珠寶和價值連城的古董文物。

正當「神戶丸」號運輸船來到離老爺廟2公里的地方時，一件奇怪的事情突然發生了。只見「神戶丸」號運輸船行到這裡忽然不動了，緊接著它就開始悄然無聲地沉下去。船上的那些侵華日軍嚇得驚慌失措，一個勁兒地「哇啦、哇啦」亂叫。不過，轉眼之間，286個侵華日軍就不再亂喊亂叫了，隨著「神戶丸」號運輸船和那些金銀珠寶、古董文物一起沉入湖底。鄱陽湖的湖面上，又恢復了往日的平靜……

駐紮在江西省九江市的日本侵略軍聽到這個消息，立刻

命令一個叫山下提昭的軍官帶領一支優秀的潛水隊，前去鄱陽湖打撈「神戶丸」號運輸船和船上的金銀珠寶、古董文物。

老爺廟一帶的水深有30多米。山下提昭帶著潛水隊趕到這裡以後，先命令一個潛水隊員到水下去看一看情況。

時間一分一秒地過去了。等了半天，那個潛水夫也沒有露出湖面。接著，山下提昭又指著一個潛水隊員說道：「你再下去，看看到底發生了什麼事情！」沒想到，這個潛水隊員同樣再也沒有露出湖面。山下提昭看到這種情況，頓時不寒而慄。

就這樣，山下提昭手下的那些潛水隊員一個一個地跳了下去，但都沒有上來。最後，只剩下山下提昭一個人了，他深深地吸了幾口氣，低著腦袋看了看湖面，一咬牙，猛地一下朝著湖水跳了下去。幸運的是，他露出了湖面但兩手空空，什麼也沒有找到。他精神恍惚地返回岸上，緊接著就張著大嘴一個勁兒地「哇啦、哇啦」亂叫，精神錯亂而失常了。

從那以後，侵華日軍再也不敢到鄱陽湖去打撈「神戶丸」號運輸船，再也不敢打撈那些本來就不屬於他們的金銀珠寶和價值連城的古董文物了。

抗日戰爭勝利以後，有一個著名潛水打撈專家愛德華·波爾對這些財寶進行過打撈，也沒有成功，並險些喪生。之後，在他的回憶錄中他說到，他看見一道長長的白光，在湖

底翻卷遊動。他的幾個潛水夥伴隨著白光的吸力翻滾而去，從此下落不明……最後，愛德華‧波爾拚命地掙扎，這才脫離了危險，回到了湖岸。

那麼，他看到的那道白光，到底是什麼呢？他碰到的吸引力又是什麼呢？這些難題的謎底，等待人們去發現。

鄱陽湖

鄱陽湖古稱彭澤，面積達3914平方公里，是中國的第一大淡水湖，它上承贛、撫、信、饒、修五江之水，下通長江，它南寬北窄，像一個巨大的葫蘆繫在長江的腰上，它每年流入長江的水超過了黃河、淮河和海河三河的總流量，是長江水流的調節器。

馬尾藻海中的綠色「陷阱」

馬尾藻海是大西洋上一個沒有海岸的海，它在大西洋北部百慕達群島附近，這個島因為馬尾藻這樣一種海藻而得名。這片海域叫被稱為「魔藻之海」。

之所以會有這麼恐怖的名字，是因為自古以來，誤入這片海域的船隻幾乎無一能順利返還，於是人們把這片海域稱為「海洋的墳地」。

1926年7月，英國航海愛好者亨利·巴可索特和五個夥伴，決定利用暑假駕帆船「布羅·斯嘎依」號橫流大西洋，前往美國。

起程這一天，風平浪靜，航行十分順利。到了第五天，天氣突然變得惡劣起來。海面上激浪滔天，急風暴雨鋪天蓋地朝帆船壓來，連續三天的暴風雨襲擊，使小船受到了毀滅

性的破壞，桅杆被攔腰折斷，舵失蹤了，甲板上所有的東西都被海浪洗劫一空。

「這下完了！」

「船無法駕駛，只能聽天由命，任其漂流了。」

「這樣下去，弄不好得葬身馬尾藻海！」

人們驚慌失措地議論著，連立志要征服大海的亨利也嚇得臉色煞白。

可怕的事情終於發生了！

晚上，亨利獨自在甲板上徘徊，忽然，他發現二三條白蛇般的物體彎曲著軀體，悄然無聲地爬上了甲板。

「啊！什麼玩意兒！真叫人噁心。」亨利操起身旁的棍子，竭盡全力對準「白蛇」的頭部打去……

天亮以後，人們仔細一看，昨晚看到的「白蛇」竟是一種帶有章魚腳上的吸盤似的海草，看了使人渾身起雞皮疙瘩。

「這樣下去我們肯定會成為馬尾藻海的犧牲品，趕快棄船，乘小艇離開！」亨利果斷地對夥伴們說。

於是，6個人跳上小艇，揮動柴刀，像在森林中開拓道路似的一邊劈除擋住小艇去路的海草，一邊驅艇前進。待到船行半日後，他們回望遺棄的大船，只見那「白蛇」樣的海草，已將它牢牢綁住。

到了第三天，海草漸漸少了，海面顯得開闊起來。但

是，大夥不敢怠慢，拚命地往前劃，到了黃昏時分，木槳突然變得輕了。終於得救了！他們來到了渴望已久的外海。不久，一般正好經過附近的美國貨船幫助他們徹底脫離了大海的墳墓──馬尾藻海。

後來人們得知馬尾藻海有著眾多的謎團需要我們去探究：

一是馬尾藻海裡的馬尾藻究竟是怎麼產生的？有的科學家認為，馬尾藻海裡的馬尾藻是從其他的海域裡漂浮而來。

有的科學家則認為，這些馬尾藻原來就生長在這片海域的海底，後來在海浪的作用下，或者是海底岩石的運動撞擊，漂浮出海面的。

二是馬尾藻海裡的馬尾藻為什麼會「神祕失蹤」？一些經常到這片海域考察的科學家也感到十分奇怪：他們有時會看到一大片綠色的馬尾藻，可是過了一段時間後，又不見了它們的蹤影。

三是馬尾藻海裡的鰻魚？20世紀初時，人們發現來自歐洲和美洲的鰻魚不斷到這裡來產卵，最後還要回到這片奇特的海域死亡。

馬尾藻之謎

近年來，在海洋學家和氣象學家的共同努力下，馬尾藻海船隻莫名被困的原因被找出來了。

原來，這塊海域正處於4個大洋流的包圍中，分別是西面的灣流、北面的北大西洋暖流、東面的加那利寒流和南面的北赤道暖流，這4個大洋流相互作用，使馬尾藻海以順時針方向緩慢流動，這使得這片海域看上去異乎尋常的風平浪靜。除此之外，這裡還是一個終年無風區。

在蒸汽機發明以前，船隻只得依賴風和洋流助動。那個時候如果有船隻貿然闖入這片海區，就會因缺乏航行動力而被活活困死。

愛達荷魔鬼三角地的翻車事件

在美國愛達荷州，離因支姆‧麥克蒙14.5公里處，有段州立公路，這段公路被當地的司機們稱為「愛達荷魔鬼三角地」，因為在這兒經常發生恐怖的翻車事件。

正常行駛的車輛一旦進入這一地帶，就會突然被一股人們看不見的神祕力量拋向空中，隨後又被重重地摔到地上，以致車毀人亡。有位叫威魯特‧白克的汽車司機就是經歷過這次恐怖拋車事件的倖存者，每當他回憶起那次歷險時，都心有餘悸。

出事的那一天，天氣晴朗，威魯特‧白克所駕駛的兩噸卡車一切正常，一到那個鬼地方時，就感覺他的車被一種神

奇的魔力使勁地往上拉，於是汽車隨之偏離了公路，之後，那股魔力又使勁地把車拋向空中。

車被拋到一定的高度，那股魔力頓時就消失得無影無蹤。車子由於不再受到拉力，於是立刻翻倒在地了。幸好，威魯特白克並未因此而喪生，只是身體受傷。但當時的他被驚嚇得面如白紙，連半句話都說不出來。

威魯特・白克是幸運的人，可有好多人就沒有他那麼幸運了。據統計，在「愛達荷魔鬼三角地」這個類似於「死亡公路」的地方，已經有十幾個人被奪去了性命。事實上，這段公路又平坦又寬闊，跟其他路段的公路相比，沒有什麼區別。那麼，為什麼造成很多車毀人亡的事故呢？那股把車輛扔出去的神祕的力量又來自何方呢？這已經成為世界著名的未解之謎。

中國的翻車地帶

在中國的蘭（州）新（疆）公路的「430」公里處，也有一個恐怖的翻車地帶，這裡不但翻車事故頻繁而且翻車的原因也神祕莫測。

一輛好端端的、正常運行的汽車行駛到這兒會突然莫名其妙地翻了車。這種車毀人亡的重大惡性事故，每年少則幾起，多則二三十起。儘管司機們嚴加提防，但這種事故仍不斷發生。

據瞭解，「430」公里處的公路平坦，而且視線十分開闊。一般情況下，它是很難翻車的。但在這個地方有眾多的車輛在前後相差不到幾米的地方接連翻車，實在是令人困惑不解。有不少人都對這段神祕而恐怖的路段進行過分析。有人認為是道路設計有問題，為此，交通部門多次改建公路，但翻車事故還是不斷出現。

09
消失千年的眾神家園

傳說中，在地中海出口的對面的大西洋上，有個名叫大西洲的島嶼，它的面積有幾十萬平方公里。這是一個景色優美、物產豐富、氣候宜人的國家。島上森林茂密，鳥語花香，瓜果豐盛，資源豐富，人民非常富足。

島國的首都建在一個開闊的平原中間，首都的建築物鱗次櫛比，富麗堂皇。都城的四周用五彩斑斕的石頭築起了城牆，讓人目不暇給。高聳的宮殿外面包裹著黃金白銀，看起來金碧輝煌，流光溢彩。

所有的人都過著安逸自在的生活，他們隨時可享用冷水或熱水噴泉，噴泉的水質甘美而純淨，女人們飲用了這種水後，一個個都變得美麗無比。

島上的人口估計有幾千萬，國王在他統治的城市中享有

至高無上的權威。所有的人都謙恭仁和，因此所有的人都過著一種幸福而安逸的生活。

後來，這個島國的統治者受到的崇拜和頌揚太多，驕縱之心日益膨脹。他們身上優秀的品行逐漸喪失殆盡，暴露出了卑鄙、貪婪、殘忍的醜惡面目，於是窮兵黷武，瘋狂地向外擴張。他們侵占了歐洲、亞洲、非洲，甚至於美洲的許多國家。這種野蠻而粗暴的行為最終在希臘和雅典人那裡遭到強烈的抵抗，他們大敗而歸。

眾神之首宙斯看到大西洲統治者們的墮落與頹廢，感到十分憤怒，於是決定對他們進行懲罰，使他們受到磨煉而更新自己。

就在距11400多年前的一天，在沒有任何預兆的情況下，宙斯引發地震和洪水，使整個大西洲遭受了一次毀滅性的災難。一夜之間島上山崩海嘯，洪水暴發，這個曾經盛權一時的大西洲便從地球上消失殆盡了。

這就是科學家們一度猜想過的、地球上曾經神祕失蹤的一個大洲——大西洲。在古希臘偉大的哲學家柏拉圖的一本書中就講到了這個神祕的傳說。

大西洲之謎

迄今為止，人們在太平洋上已經發現大大小小幾百個島嶼，令人驚訝的是，這些島嶼儘管距離十分遙遠，島嶼上的居民也很少往來。

但是生活在各個島嶼上面的居民，種族相似，語言相似，風俗習慣也十分相似，整體的文化發展狀況及水準也很接近。同時，各個島嶼還有相似的動物與植物，這些證據表明，在很久以前，這些島嶼很有可能處於同一塊大陸——大西洲。這樣說起來，大西洲也有可能是在太平洋上。

天氣竟然能夠改變歷史
——趣味地理傳奇

01 氣旋雨救了司馬懿

西元前一世紀左右，中國正處在魏蜀吳三國鼎立的時期，其中魏國佔據北方，蜀國佔據西南方，吳國佔據南方。三國後期，蜀國的丞相諸葛亮北伐魏國，諸葛亮讓軍隊駐紮在岐山五丈原，運用計謀，將魏國大將司馬懿率領的部隊引入眉縣第五村一帶的葫蘆峪。

葫蘆峪河深谷長，諸葛亮想利用該峪的特點實施火攻。頓時，葫蘆峪中方圓好幾裡開外乾柴燃燒，濃煙滾滾，魏軍傷亡慘重。

此時，司馬懿及其他的兩個兒子司馬師和司馬昭都被困在穀中。他們都自覺難逃此劫，只得抱頭痛哭等死。

但出乎意料的是，就在這個萬分緊急的時刻，突然天降大雨，熄滅了這雄雄烈火。司馬父子也因此而得以死裡逃生。

　　看到這種情況後，諸葛亮在五丈原大營無奈地對天長歎道：「謀事在人，成事在天，不可強也。」

　　這場雨其實不是什麼「天意」，恰恰是諸葛亮自己製造的。熊熊的大火使此山區的近地面空氣受熱上升，氣壓降低。低氣壓區形成氣旋，其中心因空氣上升冷卻凝結而降雨。這就是說，當時葫蘆峪裡下了一場氣旋雨。

　　諸葛亮雖然通曉天文地理，但畢竟缺乏現代科學知識，不知道「氣旋」是怎麼回事，否則，他也不可能採取如此失敗的戰術讓司馬懿僥倖逃脫。

 名人小檔案

司馬懿

　　司馬懿，生於西元179年，死於西元251年，三國時魏國大將。字仲達，河內溫（今河南省溫縣）人。熟悉兵法，多智謀，善於玩弄權術。曾多次出師與諸葛亮鬥兵法。

　　曹芳任皇帝時，他和曹爽同受曹睿遺詔輔政，後乘曹爽出城遊獵時，發動政變，殺了曹爽，代為丞相，封晉王，執掌國政。死後被孫子司馬炎追尊為晉宣帝。

諸葛亮巧用大霧草船借箭

相傳，三國時期，劉備與孫權聯合攻打曹操。當時東吳都督周瑜非常嫉妒諸葛亮的才能，他決定用計謀置諸葛亮於死地。

一天，周瑜對諸葛亮說：「不久我們就要和曹軍交戰，水路交兵弓箭是最好的武器。請您在十天之內監管製造10萬枝箭。」

周瑜認為這樣就可難倒諸葛亮，可令他感到十分詫異的是，諸葛亮卻說：「10天時間太長了，會誤了大事，我可在3天之內完成任務。」於是，周瑜以為他在說大話，便暗自高興，並趁此讓諸葛亮立下軍令狀。然後周瑜一面命令造箭的工匠到時候故意拖延時間，材料也不給準備充分，一面又讓他手下人魯肅去探聽諸葛亮的情況。

　　見到魯肅，諸葛亮就馬上對他說：「3天之內要造出10萬枝箭啊！請您救救我吧！」

　　魯肅說：「您自己說呀，我怎麼救您？」

　　諸葛亮乘機說：「請您多借給我一些船隻，每艘船上都用青布罩著，每船紮滿草人，分立兩邊，我自有安排。不過您不能讓周瑜知道這事，否則我的計謀就失敗了。」

　　魯肅答應了諸葛亮的要求，卻猜不透他的用意。在回報周瑜時，他信守諾言沒提借船之事，只是說諸葛亮不用箭竹、瓴毛、膠漆這些東西。聽魯肅這麼一說，周瑜大惑不解。

　　緊接著，魯肅私下準備了快船20艘，並按諸葛亮的要求在船上紮了草人，等候調用。可第一天不見諸葛亮有什麼動靜，第二天也沒動靜，到第三天四更時分他突然被諸葛亮請去乘船取箭。

　　那一夜大霧漫天，長江之中霧氣更重，面對面看不清人，那紮滿草人的20艘船已用長繩索連在一起，逕自向北岸曹操軍營進發。

　　到五更時候已離曹軍水寨不遠。諸葛亮命令船隊頭西尾東一字排開，讓士兵擂鼓吶喊。諸葛亮笑著安慰魯肅說：「霧這麼大，我料定曹操不敢出兵。我們只管喝酒就是了，待霧散了就回去。」

　　果然，曹操接到報信後說：「大霧迷江，敵軍突然來

臨，一定有埋伏，千萬不要輕舉妄動，馬上讓弓箭手用亂箭射退敵人。」於是曹軍1萬多名弓箭手一齊向江中放箭，箭如雨下。

諸葛亮看草人一側已紮滿箭支，便命令船隊掉頭，頭東尾西，逼近曹軍，讓船的另一側接受箭射，同時繼續擂鼓吶喊。待到日高霧散，20艘船兩邊的草人上紮滿了箭支。諸葛亮命令趕緊收船回營，並讓士兵齊聲高喊：「感謝曹丞相送箭！」等曹操發覺上當，欲發兵時已經追趕不上諸葛亮了。

就這樣，諸葛亮乘著大霧用草船「借」來了10萬多支箭，這令魯肅佩服得五體投地，也使周瑜對他更加嫉恨。

原來，諸葛亮接受命令時，正處在晴朗少雲的深秋季節。這時，晝夜溫差大，夜間氣溫下降很多，空氣極易達到飽和而使多餘水汽凝結。同時，長江又為大氣提供了充足的水汽。諸葛亮見那幾天天氣單調，少有變化，風力微弱，憑著他對天氣變化的規律性認識，他料定三日之後會出現大霧。

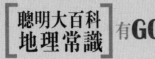

霧和霾的區別

　　一般來講，霧和霾的區別主要在於水分含量的大小：水分含量達到90%以上的叫霧，水分含量低於80%的叫霾。

　　80%～90%之間的，是霧和霾的混合物，但主要成分是霾。就能見度來區分：如果目標物的水準能見度降低到1公里以內，就是霧；水準能見度在1公里～10公里的，稱為輕霧或霾；水準能見度小於10公里，且是灰塵顆粒造成的，就是霾或灰霾。

　　另外，從外觀上來說，霧的厚度只有幾十米至200米，霾則有1公里～3公里；霧的顏色是乳白色、青白色，霾則是黃色、橙灰色；霧的邊界很清晰，過了「霧區」可能就是晴空萬里，但是霾則與周圍環境邊界不明顯。

成吉思汗爲何沒有征服印度

成吉思汗，本名為孛兒只斤‧鐵木真，「成吉思汗」是人們對他的尊稱，在蒙古語中，「成吉思汗」意味著「海洋」或「強大」之義。

的確，成吉思汗在位期間，進行了20多年的對外征服戰爭，對外征戰的路途非常遙遠，征服的疆域十分遼闊，最終建立起橫跨歐亞兩洲的帝國。

但是，令人疑惑的是，成吉思汗建立的疆域雖然幾乎包括整個東亞地區，向西也到達了歐洲的黑海海岸，唯獨沒有征服印度。

史料稱，當初成吉思汗曾經下令蒙古士兵渡過印度河繼

　　續南行，平定印度，儘快完成自己的征服大業。但最終，成吉思汗的大軍並沒有攻進印度，而是很快撤退。

　　這是什麼原因呢？原來，蒙古將士們攻打印度，有兩個難以克服的困難。一個是氣候，一個是印度戰象。

　　首先，是蒙古士兵們適應不了印度的地理氣候環境。蒙古將士們善騎好射、策馬急襲，這種特點雖然使他們在平地上作戰戰無不勝，但在江河湖泊面前就沒有任何優勢了。據歷史記載，成吉思汗也曾意識到這個問題，並於1220年就建立了水軍。但是，成吉思汗雖然能解決船隻器械的問題，另一個弱點卻無法解決。蒙古人自古以來就生活在蒙古高原和西伯利亞乾寒地帶，他們懼怕濕熱，不耐高溫。在酷熱難耐的印度，剽悍的蒙古鐵騎很難再有往日在高原平地縱橫馳騁的氣勢和戰鬥力。

　　除了氣候原因，還有一點就是印度戰象的威力。在印度，大象是人們的好朋友，被稱為「哈第」。大象不僅可以用來進行生產勞動，還可以用來打仗。

　　據記載，西元前3世紀，印度孔雀王朝的就已經將大象用於軍事了，從出土文物看出，當時的錢幣上就有戰象的圖樣。大象有得天獨厚的身高、體積和力量優勢，在戰場上，借助於高達數米的戰象，人們可以在戰象的脊背上架設塔樓，居高臨下地進行攻擊。

大象力大無窮，印度人把馴化好的大象排成象陣，與戰馬互相配合，可以衝鋒陷陣，所向披靡。可以想見，如果蒙古士兵與印度人交戰，印度人很容易就能佔領戰場的主動權。

眼界大開

遭遇象陣

　　1397年，成吉思汗的後代帖木兒為完成祖輩的征服大業，力排眾議，決定發兵印度。

　　1398年9月，帖木兒特意選擇在當年成吉思汗撤兵的地點渡過印度河，與先頭部隊會師，然後繼續南行，一路上所向披靡，直到遭遇了印度的戰象。

　　據記載，當時參與作戰的有120頭戰象，每頭象的背上都搭建著一個塔樓，塔樓內有12～14人不等的印度士兵，他們躲在塔樓裡放箭，蒙古士兵們死傷一大片，蒙古戰馬也懾於印度戰象的威力，亂作一團。

　　帖木兒不得不馬上回頭撤退，儘管後來想出用火攻的方法來壓制戰象，但由於蒙古士兵們之前戰敗的陰影，火攻的做法並沒有起到應有的效果。

04 忽必烈東征日本爲何失敗

西元13世紀中葉，蒙古大軍在元世祖忽必烈指揮之下，揮軍南下，由於所到之處經常受到強烈的抵抗，傷亡頗多。因此在接下來的攻城掠地之後，他們野性大發，大肆屠城。單是揚州城一役，整個城市倖存者寥寥無幾。於是，人們都非常懼怕蒙古鐵騎的到來。

一統中國之後，為了顯示威力，實現自己的擴張野心，忽必烈把目標瞄向了日本。

自1266年至1274年的八年間，忽必烈先後五次派遣使者出訪日本，想與日本建立「通項結好、以相親睦」的關係，但日本統治者認為忽必烈只是想把日本變成另一個高麗，於是就拒絕了忽必烈的要求。

勢力空前強盛的元世祖決定派兵東征，至元十二年（即

西元1274年）夏季，數十萬剛下了戰馬的蒙古兵登上了頗為生疏的戰船，準備出海遠征日本，由於蒙軍長期在內陸地區的大陸性氣候下生活，對惡劣的海洋天氣一無所知，特別是不知道該季節盛行颱風，因此，對於其強大的威力感到十分害怕。

初次下海的蒙古軍貿然出征，一到琉球外海，就遇到了風暴，嘗到了颱風的苦頭，損兵折將而歸。

至元十八年（1281年），仍不甘心的元世祖再次派兵東征。由於選擇的時間仍是颱風旺季，免不了同遭覆轍。

之後，元朝統治者吸取了失敗的教訓，放棄了武力征討的方針，積極表示願意友好通商，鐮倉幕府也放棄了敵對防範措施，從此結束戰爭狀態，兩國和平交往很快發展起來。

日本人民因兩次颱風而免遭戰爭之苦，於是把以前視為洪水猛獸的颱風看做是神的保護，又看做是「神風」。

> ### 颱風

颱風是一種特殊而強烈的熱帶氣旋。世界上位於大洋西岸的國家和地區無不受到熱帶氣旋的影響。

　　颱風行進的路徑在亞洲東部有三條，它形成初期多在東風波擾動下向西或西北移動。

　　在菲律賓附近洋面轉向，並在琉球群島和日本附近登陸的轉向型颱風，如果不是受西風帶低壓槽前方的副熱帶高壓脊的影響，轉向東北路徑向日本方向前進，就不會有日本人的「神風」了。

05 神祕消失的一天

在麥哲倫第一次環球航行時，有一艘船中途溜走，三艘船葬身海底，麥哲倫本人在1521年4月27日的一次戰鬥中犧牲，剩下唯一的小船——維多利亞號，在埃里·卡諾的指揮下，依然頑強地向西挺進。

經過3年的艱苦奮鬥，維多利亞號上的船員們克服了難以想像的困難，終於繞過非洲，勝利到達佛德角群島。這時船員們異常興奮，因為用不了多久，他們就要回到西班牙了。這時，埃里·卡諾拿出航海日記，在上面寫道：「1522年7月9日抵達佛德角群島。」

就在這時，岩上意外地發生了一場爭吵，船員們和島上居民交談時說出了今天是星期四，結果島上的居民們糾正說：「不，今天是星期五。」

　　船員們感到奇怪，異口同聲地對島上的居民們說：「今天是9日啊。」

　　「不，今天是10日！」居民們更是斬釘截鐵地一口咬定。

　　這件事被神甫們知道了，他們大發脾氣，責備船員們在宗教上犯下了一個不可饒恕的罪過。因為他們認為，由於記錯了日子，船員們在海上一定把宗教的節日都錯過了，在應該吃齋的日子都吃了肉。這點對於虔誠的教徒來說，簡直是不可饒恕的。

　　然而，船員們並不認錯，他們詛咒發誓說：「日子沒有記錯。」

　　於是，埃里‧卡諾把航海日記攤開來看，的確每天都記了日記，沒有錯過一天。那麼，這一天之差是怎樣造成的呢？

　　這一天之差包含著一種很少為人所知的科學原理。因為地球是自西向東自轉的，它的這種有規律的自轉，造成地球上任何一個地點每天24小時的時間循環。

　　但這種循環只適用於相對於地球不動或小範圍運動的物件，而對那些繞地球緯線方向作長距離運動的人來說，一天不再是24小時，而稍長於或稍短於24小時。

　　航海家們自西向東航行，地球亦不停地自西向東旋轉，他們好像一直在追逐著下沉的太陽。因此，夜晚總是比白天遲一點來臨，這就等於延長了船上的白晝時間。

 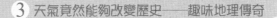

如果逆著地球自轉的方向航行，航船上的白晝時間就相應的短些。

據當時計算，在維多利亞號船上每天要比24小時長兩分鐘左右，這兩分鐘與24小時相比微不足道，況且當時又無準確的計時儀器，一般人都察覺不出來。但是，他們在船上都航行了三年多，這數以千計的兩分鐘的累積足以湊成一天，於是船員們就不知不覺地將這一天消失了。

名人小檔案

地球自轉和公轉

地球自轉的方向是自西向東的，自轉一周需要的時間約為23小時56分。

從地軸北端或者北極上空觀察，地球呈逆時針方向旋轉；從地軸南端或南極上空觀察，地球呈順時針方向旋轉。正是有了地球的自轉，我們才能看到晝夜更替、日月星辰東升西落等自然現象。

地球在自轉的同時，還繞著太陽公轉，地球公轉的路線叫做公轉軌道，它是近似正圓的橢圓形軌道，太陽位於該橢圓的一個焦點上。

　　每年1月初，地球運行到離太陽最近的位置，這個位置稱為近日點；7月初，地球運行到距離太陽最遠的位置，這個位置稱為遠日點。

　　和地球自轉方向一致，地球公轉的方向也是自西向東，從北極上空看，地球沿逆時針方向繞太陽運轉。地球公轉一周所需的時間約為365.25天。

福克打賭環遊地球

一位名叫斐利·福克的英國紳士，他是改良俱樂部的會員。一天，福克先生說現在在80天內環遊地球一周。俱樂部的其他會員都不相信他，並告訴他這是絕對不可能的。因為在當時情況下，要想80天環遊地球，必須極準確地一下火車就上船，一下船馬上又上火車才行，且路上不能出任何意外。因為這80天不包括壞天氣、頂頭風、海船出事、火車出軌等意想不到的事情。

於是，福克先生就和他們打賭，並立了一張打賭字據，6位當事人都在上面簽了字。賭據簽完之後，福克先生說：「今天是1872年10月2日，星期三。我應該在12月21號，星期六，晚上8點45分回到倫敦。諸位先生，我就要動身了。等我回來時，你們可以根據我護照上的各地簽證印鑑，來查

對我這次的旅行路線。」

　　就這樣，福克先生從倫敦出發，向東經過歐洲、非洲、美洲等4個洲，以堅定的意志克服了無數的自然和人為的障礙，終於在1872年12月21號晚8點50分回到倫敦，但是，很遺憾的是，他比預定的時間晚了5分鐘，於是他悄悄地回到了家。

　　第二天晚上，福克先生讓他的忠實的僕人路路通去請神父明日來主持他與艾娥達夫人的婚禮。但神父說明天是星期日不主持婚禮。路路通證實神父沒有說錯後，緊接著以最快的速度回到住宅，一把抓住他主人的衣領，像發瘋似的拖著福克先生，跳上一輛馬車，朝俱樂部奔去。

　　幸運的是，當他到達俱樂部大廳之時，大鐘正指著8點45分，一分都不差。「我贏啦！我贏啦……」福克先生一下興奮得歡呼起來。

　　精明的福克先生並沒有計算錯日期，是他在旅程中「不自覺地」占了24小時的便宜。因為他這次施行的方向是一直向東走，在向東走的路上一直是迎著太陽升起的方向前進。所以每當他這樣走過一度經線，他就會提前4分鐘看見日出，整個地球一共分作360度，用4分鐘乘360再用60除，結果正好等於24小時，這樣，他就不知不覺賺來了一天。

　　事實上，福克先生是提前一天到達倫敦的。如果當時有

日界線，福克先生自西向東越過日界線，在日期上減去一天，也就不會出現前面那驚險的場面了。

時區的劃分

本初子午線是地球上的零度經線，它是為了確定地球經度和全球時刻而採用的標準參考子午線。1884年國際本初子午線大會決定用通過英國格林威治（Greenwich）天文台原址子午儀中心的經線為本初子午線。

世界時區的劃分以本初子午線為標準。

從西經75°到東經75°（經度間隔為15°）為零地區。由零時區的兩個邊界分別向東和向西，每隔經度15°劃一個時區，東、西各劃出12個時區，東十二時區與西十二時區相重合；全球共劃分成24個時區。

死而復活的中獎彩票

某一年的4月10日，一位名叫呂薩的外國商人搭飛機從太平洋的馬紹爾島飛往檀香山。上機前1小時，他去機場附近的銀行兌換貨幣時，遇到一位老太太，手裡拿著一張過期（兌獎日期是4月9日）的中獎彩票，捶胸頓足，非常難過。

這時，走來一位身穿筆挺西裝的中年人，他「關切」地對老太太說：「請不要傷心，我願用3000美元買您這張廢票（獎金為8000美元），您同意嗎？」

老太太一愣，但她考慮到這張作廢彩票反正已無任何價值，於是就同意了。

「這中間到底有什麼問題呢？」呂薩感到很納悶。

飛機起飛了，在空中飛行了一段時間，忽然耳邊飄來航

空小姐甜潤的播音:「親愛的旅客們請注意,現在是4月9日10點4分,我們將於11時抵達美國檀香山機場⋯⋯」

呂薩又納悶了,上機時明明是4月10日,現在怎麼變成4月9日了?難道時光可以倒流?呂薩正想回頭與後排乘客對錶。一看,「咦,這不正是起飛前購買老太太過期中獎彩票的那位中年人嗎?」

「先生,請問現在怎麼變成4月9日了?那你剛才買的廢票不是又有效了嗎?」

「是的,兌換後我就淨賺了5000美元。」中年人得意洋洋地笑著說。

後來,那位中年人果然拿著那張中獎彩票在檀香山的銀行兌換了8000美元的獎金。4月10日變成4月9日。這樣,中獎彩票就可以死而復活,成功實現兌換。這是怎麼回事呢?

原來,地球不停地自西向東繞地軸自轉,產生了晝夜更替。如果以日出作黎明,日沒作傍晚,地球上就會出現一條永恆的由東向西移動的「晨線」和「昏線」。那麼,它們開始的地方應該在哪裡呢?

由於地球是個旋轉的橢圓球體,而東方和西方也是相對的,因此,不可能有固定的黎明開始的地方。因此,國際上規定把180度經線作為國際換日線,又叫日界線。

「國際換日線」在人煙稀少的180°經線附近,處於亞美

兩大洲之間。

　　它從北極開始，經過白令海峽，穿過太平洋，直到南極為止。當輪船或飛機越過這條線時，就需要嚴守以下規定：從西向東穿越這條線，要把同一天計算兩次。也就是說，如果某天你自西向東越過這條線，第二天還是這天。你如果要從東向西跨越這條線，就要把日子跳過一天。

探索追蹤

晝夜交替是如何形成的

　　當旭日東昇，新的一天即將開始；當夕陽西下，黑夜即將來臨。我們每天都經歷著白天和黑夜的交替變化，但你知道晝夜更替是怎樣形成的嗎？我們生活的地球本身並不會發光，而且是不透明的，地球上的光和熱都來源太陽的照射。在同一時間內，太陽只能照亮地球的一半，所以陽光照射的地方就是白天，陽光照射的半球被稱為晝半球，而背對太陽、陽光照射不到的地方就是黑夜，稱為夜半球。

　　晝半球和夜半球之間有一條分界線，像一個大圓圈，我們把它叫做晨昏圈。由於地球不停地繞地軸自西向東自轉，晝半球和夜半球也在不停地互相交替變化，白天變成了黑夜，黑夜又變成了白天，從而形成了晝夜交替的現象。

決定戰爭勝負的地圖

地圖與我們的生活息息相關，走在大街上，我們可以看到很多人手拿地圖，依靠地圖找地方；在交通運輸領域，人們需要依靠地圖來確定方向和目的地。此外，地圖還與行軍打仗息息相關。甚至有些時候，地圖能夠決定著戰爭的勝負。

地圖在戰爭中有著極其重要的作用，世界各國的軍事指揮部門都有一支專門隊伍，從事地圖的測繪工作。他們所繪的地圖，有陸軍使用的地圖或地形圖，海軍使用的海圖或水文圖，還有空軍使用的航空圖。

1943年，美、英聯軍準備在義大利的西西里島登陸，而當時英國皇家海軍水文局資料室裡正好保存了西西里島水文圖。這張水文圖較詳細地介紹了西西里島沿海海岸和水深的

情況，在這張水文圖的幫助下，登陸艦和士兵順利地登上了島嶼，並很快攻占了該島。同一年，美、英聯軍在法國沿海開闢新戰場，由於事前掌握了法國西北部沿海地形、水文和氣象等情報資料，於是便加快了登陸的速度，以迅雷不及掩耳之勢給敵人以巨大打擊。

1942年8月，美、日兩國在太平洋所羅門群島爆發了一場激烈的戰鬥，那裡有一個不受人們注意的名叫瓜達爾卡納爾的小島。戰鬥前夕，美軍對於這個小島的地理、地形資料少得可憐，關於所羅門群島的書也只有兩本，而且都十分陳舊。

正在此時，美國戰略情報局傳來了7張照片，這是一個美國公民在遊覽該島時拍攝的。美國第一海軍陸戰師就根據這7張照片所記錄的地形特徵，並結合派往該島去的人收集到的情報，終於弄明白了該島的地形以及島上日軍兵力部署的情況。美軍由此順利登上該島，穿過熱帶叢林，奇襲日軍機場，最終取得輝煌的勝利。

但是，不幸的是，在另一次戰爭中，由於使用了過時的地圖，美軍卻付出了沉重的代價。

1943年10月，美軍準備在日本佔領的吉伯特群島的塔拉瓦島上登陸，當時使用的是100多年前的水文圖。美軍認為地圖雖然有點過時，但想來地形應該沒有多大的出入，應該

能夠使用。當裝載了大量美軍的登陸艇靠近該島時，士兵們發現，這個島周圍水域的情況已經變化很大，這裡生長了大量的珊瑚，使水深比地圖上淺了很多，美軍的登陸艇無法靠岸，海軍陸戰隊的士兵只得涉水登陸，幾千名美軍士兵出現在茫茫的淺水灘上，暴露在日軍面前，成了日軍炮火的攻擊的目標。這次登陸戰沒有成功，最後共傷亡3000多名士兵，損失十分慘重。

世界上最早的地圖

1973年，湖南長沙馬王堆三號漢墓出土了3幅西漢地圖，均為稀世之寶。這3幅地圖均繪在絲帛上，沒有標寫圖名，一般簡稱為《地形圖》、《駐軍圖》、《城邑圖》。

3幅地圖中，兩幅已基本復原，另一幅由於破損嚴重，還沒有修復。經學者研究，這些地圖被斷定為西漢初年的作品，距今已有2100多年。其中，《地形圖》是世界上現存最早的以實測為基礎的古地圖。從地圖的精確度看，說明當時的地圖繪製技術達到了很高的水準，是中國古地理學的重大成就。

09 借助西風投炸彈

第二次世界大戰時，日本中央氣象台的氣象學家荒川秀俊突發奇想，想出一個妙招，就是借助西風的力量，釋放氣球炸彈，來襲擊美國。他的想法終於實現了。1944年的一天，無數吊著炸彈的大氣球從日本上空沿著西風氣流浩浩蕩蕩地向美國飛去。此次行動代號為「飛象行動」。

這些氣球炸彈在美國西部降落並發生了爆炸，產生了巨大的威力。氣球炸彈不僅造成了美國的頻繁大火及人員的大量傷亡，同時還使美國西部的居民們整天提心吊膽。

當時，商店關門、工廠停產、交通中斷，整個社會處於癱瘓狀態。更為嚴重的是，還對建在內華達州的絕密原子彈工廠構成了極為嚴重的威脅。

　　日本為什麼會想出這麼一個妙招，並且能讓那些炸彈降落在美國呢？

　　原來，當時在離地面1萬米的高空，有一個穩定的西風帶，從日本直達美國，西風帶的風力非常巨大和持久。吊上炸彈的無數高空氣球只要一升空，就會在兩三天後神不知鬼不覺地降落到美國並發生爆炸。為了確定降落的時機，荒川還採用了計時器的辦法。

　　空襲初期，美國人損失慘重，雖然很快便明白了原因，但沒有找到有效的應對方法。後來，美國人借助於飛機產生的氣流，影響了氣球的漂流方向，才有效控制住了氣球炸彈的狂轟濫炸。

美國人如何應付氣球炸彈

　　面對接踵而至的氣球炸彈，美國人在進行有效防衛的同時，斷然採取了新聞封鎖的措施。美國透過戰時新聞檢查機構，嚴禁媒體報導任何有關氣球炸彈的消息。

　　這樣做的目的，是為了使日本人無法透過媒體的公開信息瞭解情報瞭解攻擊的結果，動搖他們堅持氣球炸彈作戰的

信心。

　　此外，由於戰時美國的反間諜工作極有成效，日本軍方無法透過其他途徑得到任何氣球襲擊效果的情報，他們認為沒有一個炸彈抵達美國，因而在1945年4月取消了「飛象行動」。

10 諾曼第神兵是如何登陸的

第二次世界大戰之時，德國法西斯以其閃電戰迅速控制了歐洲14個國家，並企圖吞併歐洲進而稱霸世界。但是，從法西斯產生之日起，世界人民的反法西斯鬥爭就一直頑強地進行著。

在東線，以史達林為首的蘇聯人民頑強地抵抗德軍侵略，誓死保衛祖國。在西線，以艾森豪為總司令的盟國軍隊，決定開闢第二戰場，徹底粉碎法西斯的美夢。

1944年6月6日凌晨2點，諾曼地登陸戰正式開始。首先盟軍以3個傘兵師在德軍後方空降，接著空軍猛烈轟炸，而就在此時，海軍裝載登陸部隊的潛艇，突然出現在諾曼第半島地區。登陸艇的突然出現，令德軍大吃一驚，他們怎麼也沒想到登陸部隊來得這麼快。清晨6點半，第一批部隊已登

上灘頭，接著，約有15.6萬人在當天登陸，一舉擊潰了希特勒堅固的諾曼第防線。

這些潛艇之所以能避開德軍艦艇的海上巡邏和水下尋熱系統的嚴密監視而突然出現，是因為英美盟軍在這裡利用了一個重要的地理現象。

因為1944年6月6日那天正是大西洋出現大潮的時候。這時，表層海水向大洋中心流動，到大洋中心海水就必然下沉，從而形成下沉海流；下沉海流至深層又向岸邊流動，呈現為向岸海流；向岸海流在底層觸岸後又形成上升流。盟軍摸清了大西洋西岸英吉利海峽這一海水運動規律，用潛艇裝載軍隊，從英國開始下沉入海，然後關閉發動機，利用深層向岸海流為動力，避開了海上德軍軍艦和海下尋熱系統，順利到達法國西北部的諾曼第半島地區。

這時傘兵、空軍突然對德軍發動進攻，潛艇悄然浮出水面。當德軍的軍艦還在巡邏，暗堡中的哨兵正密切注視海上動靜的時候，盟軍登陸艇黑壓壓的迎面而來，繼而風捲殘雲一般，佔領了灘頭陣地，取得了登陸戰役的勝利。

英吉利海峽

英吉利海峽是大西洋的一部分，位於英格蘭與法國之間，西南最寬達240公里；東北最窄處直線距離33.8公里，即從英國的多佛爾到達法國的加來，多佛爾到加來這部分海峽是英國海峽協會認可的橫渡區域。

英吉利海峽和多佛爾海峽是世界上最繁忙的海峽，戰略地位重要。國際航運量很大，目前每年通過該海峽的船舶達12萬艘之多，居世界各海峽之冠

。歷史上由於它對西、北歐各資本主義國家的經濟發展曾起過巨大的作用，人們把這兩個海峽的水道稱為「銀色的航道」。

4

尋找世界盡頭的寶藏
——地理大發現

哥倫布發現新大陸

克里斯多夫·哥倫布，是地理大發現的先驅者，他在1492年到1502年間四次橫渡大西洋，到達了美洲大陸，因此成為了名垂青史的航海家。

哥倫布是個義大利人，自幼熱愛航海冒險。他曾經讀過《馬可·波羅遊記》，十分嚮往中國。當時，西方國家對中國的香料、黃金、茶葉、絲綢等物品垂涎三尺，而這些商品主要經傳統的海、陸聯運商路運輸。哥倫布是地圓說的支持者，他認為向西航行肯定能夠到達東方的中國，於是就向葡萄牙、西班牙、英國、法國等國國王請求資助，以實現他開闢新航路的計劃，可惜都遭到了拒絕。哥倫布為實現自己的計劃，到處遊說了十幾年。直到1492年，西班牙王室才答應資助哥倫布的計劃。

　　1492年8月3日清晨，哥倫布攜帶西班牙王室致中國皇帝的國書，帶領87名水手，率領「聖瑪麗亞」號、「平塔」號和「尼尼亞」號3艘帆船，從西班牙南海岸的巴羅斯港出發，向西航行，開始了人類歷史上第一次橫渡大西洋的壯舉。

　　誰也無法意料，在這陌生而又茫茫無際的大西洋上，等待著他們的究竟都是些什麼。

　　海上的航行生活枯燥無味。他們就這樣在海上漂泊了一天又一天，一周又一周。一個多月過去了，除了浩瀚的大海，追逐船隻的海鷗，絲毫也不見陸地的影子。於是，水手們都紛紛要求返航。

　　當時，由於大多數人都認為地球是一個扁平的大盤子，再往前航行，就會到達地球的邊緣，帆船就會墜入深淵。但是，哥倫布是一個意志堅定的人，他頂住了船員們的巨大壓力，在驚濤駭浪的侵襲中繼續向西航行。

　　他的堅持終於贏來了奇蹟。在茫茫大海上苦熬兩個多月之後，情況終於有了好轉。10月11日，哥倫布看見海上漂來了一根蘆葦，他和水手們高興得跳了起來！

　　「有蘆葦，就說明附近有陸地。」他們都這樣斷言著。

　　果然如此，11日夜間，哥倫布發現前面有隱隱約約的火光。12日凌晨，水手們終於看見一片黑壓壓的陸地。黎明時分，船隊登上一座島嶼。在海上航行了兩個多月，他們第一

次遇到了陸地。水手們一個個高興得手舞足蹈。

這個島嶼是巴哈馬群島的一個小島——華特林島。哥倫布高舉西班牙國王的旗幟，宣佈此地為西班牙國王所有，並把這小島命名為「聖薩爾瓦多」，也就是「救世主」的意思。

船隊繞島一周後，發現這裡並不是理想中的黃金產地，於是，他們繼續向南航行。幾天後，他們到達巴哈馬群島中最大的古巴島，哥倫布認為，這就是中國。按照已有的地圖，它的東方應該是日本了。於是，船隊轉而向東尋找富饒的日本。

後來，他們登上了海地島，看見島上樹木鬱鬱蔥蔥，山川秀麗多姿，貌似西班牙，便將其命名為「小西班牙」。由於航行不慎，最大的一艘船——「聖瑪麗亞」號觸礁沉沒，哥倫布只好無奈地停止前行。

1493年3月15日，哥倫布率領剩下的兩艘船從海地島返回了西班牙的巴羅斯港。

後來，哥倫布在西班牙國王的資助下，又3次向西航行，先後到達過中美洲和南美洲的一些海岸，終於發現了美洲大陸全貌，也即美洲新大陸。這都不得不得益於他們之前「東方探險」經歷。

探索追蹤

美洲新大陸

　　新大陸是歐洲人於15世紀末發現美洲大陸及鄰近的群島後對這片新土地的稱呼。在發現新大陸前，美洲大陸對歐洲人來講是陌生的，他們普遍認為整個世界只有歐亞非三個大洲而沒有其他大陸的存在。

　　哥倫布先後四次到達了美洲大陸，但直到1506年逝世，他一直認為他到達的是印度。後來，一個叫做亞美利加的義大利學者，經過更多的考察，才知道哥倫布到達的這些地方不是印度，而是一個原來不為多數歐洲人知的的大陸，為了紀念這位學者，歐洲人把這塊新大陸命名為「亞美利加洲」，簡稱「美洲」。

02 邂逅風暴下的發現

1 4～15世紀時的西歐，經濟發展迅速，與外界的貿易交流越來越頻繁。由於《馬可‧波羅遊記》對中國和印度的精采描述，西方人認為遙遠的東方遍地是黃金和財富。然而，原有的東西方貿易商路卻被阿拉伯人控制著。為了滿足自己對財富的貪欲，歐洲各國開始開闢到東方的新航路。

15世紀下半葉，野心勃勃的葡萄牙國王若奧二世妄圖稱霸於世界，曾幾次派遣船隊考察和探索一條通向印度的航道。

1487年8月的一個風和日麗的日子，葡萄牙航海家迪亞士奉國王之命率領兩艘快船和一艘滿載食物的貨船，從里斯本出發，沿非洲西海岸南行，去尋找繞過非洲南端進入印度洋的航路。

　　剛開始，航行非常順利，沒用多長時間他們就到達了西南非洲海岸中部的瓦維斯灣。可是，不久他們就發現，在繼續向南的航線中，海岸線變得越來越模糊。這時，探險心切的迪亞士一心想加快速度，但是，裝食物的貨船速度太慢了。為了加快行速，迪亞士命令食物船先行返航。

　　這樣，他們的航速果然大大加快了。

　　然而，正當他們為航行順利而慶幸的時候，沒料到，船隊遇上了一場大風暴。海浪如排山倒海之勢向船隊撲來。帆船駛離海岸在茫茫大海中隨風漂流了十二個晝夜。

　　風暴總算是停息了，咆哮的大海又恢復了往日的平靜。

　　迪亞士根據以往的航海經驗，知道沿非洲大陸南行時，只要向東航行就必然會停靠在海岸邊。於是，他立即下令他的船隊調轉方向，向東前進。

　　可是，船隊向東航行了好幾天，並沒有看到他們預料中會出現的非洲海岸線，相反，似乎還越來越遠了。

　　「這是怎麼回事呢？」迪亞士感到很詫異。

　　「怎麼辦呢？」船員們也一籌莫展，於是，航速也隨之減慢了。

　　「啊！我們很可能已繞過了非洲的最南端，如果一直向東航行就只會離大陸越來越遠。」迪亞士突然恍然大悟。

　　於是，為了再次接近海岸，迪亞士決定先東行後北折，

他又下令：「立即調轉方向，向北前進。」

幾天後，他們果然看到了陸地的影子，很快就抵達了現在的莫塞爾灣了。

迪亞士發現，海岸線緩緩地轉向東北，向印度的方向延伸。至此，他確信：船隊已繞過非洲最南端，來到了印度洋。只要再繼續向東航行，就一定能夠到達一個神祕的東方。

可是，船上所帶的糧食和日用品都所剩無幾，船員們個個都疲憊不堪，根本無法前進，只有儘快返航。

在歸途中，迎接他們的是狂風巨浪，急流險灘。原來，迪亞士又經過上次遇到風暴的地方——非洲大陸最南端。於是，他便將這個地方命名為「風暴角」。

1488年12月，迪亞士率領他的船隊返回了里斯本，他一五一十地向國王講述了歷經的磨難，以及發現「風暴角」的經過。

國王對他的此次遠航十分滿意，認為「風暴角」的發現是個很好的徵兆，只要繞過它就能通往富庶的東方。於是，他就將這個「風暴角」改名為「好望角」。迪亞士也就被世人稱之為「好望角之父」。

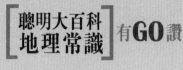

迪亞士

　　巴托羅繆‧迪亞士（1450～1500年），出生於葡萄牙一個貴族世家。他在年輕的時候，就特別喜歡探險，曾經隨船到過非洲的一些國家，因此，他有著豐富的航海經驗。

　　一直以來，他都希望自己能夠成為第一個開闢東方貿易的航海家。可是，1500年，當迪亞士又一次率領大型船隊繞好望角航行時，不幸遇到了大風暴，好望角最終成了他的葬身之地，但是他的探險精神及發現好望角的功績將永載史冊。

03

達伽馬的壯舉

1492年，哥倫布率領的西班牙船隊發現美洲新大陸的消息傳遍了西歐。面對西班牙將稱霸於海上的挑戰，葡萄牙王室決心加快抓緊探索通往印度的海上活動。葡萄牙王室將這一重大政治使命交給了年富力強，富有冒險精神的貴族子弟達伽馬。

1497年7月8日，達伽馬率領140名遠航船員，駕駛著四艘探險船，踏上了艱險的遠征之路——探索通往印度的航程。

達伽馬率領船隊，循著10年前迪亞士發現好望角的航路，迂迴曲折地駛向東方。在大西洋上航行了4個月，終於抵達了好望角。

好望角就像一個死亡角，使人望而生畏。向前將遭遇到不間斷的可怕的風暴襲擊。然而，這些困難並沒有嚇倒這支

遠航的探險隊。在遭受3天3夜狂風巨浪的襲擊後，船隊終於繞過這個「死亡角」，進入了印度洋。之後，船隊沿著非洲東海岸緩慢地向北航行。

1498年4月14日，達伽馬的船隊停泊在今天的肯雅的馬林迪。在這馬林迪酋長為他們派出一名理想的領航員——一位阿拉伯的航海家，在他的悉心指引下，船隊順利地橫越印度洋，並在不到4個月的時間內，就到達了印度的卡利卡特港。

在這裡，達伽馬和船員們都非常興奮，因為他們終於看到了印度的富庶，就像馬可·波羅在《馬可·波羅遊記》中所描述的一模一樣。

但是在這他們惹來了很多麻煩，因此，1498年8月，達伽馬只得匆匆返航了。不過，在離開那裡時，他在當地購買了大批的香料、絲綢、寶石和其他許多東方特產。

1499年9月9日，達伽馬的船隊運載著印度的香料和非洲的黃金回到了里斯本，還帶回了6個被強擄來的土著欣德斯人，他們受到了葡萄牙全國上下的隆重歡迎。在歡迎儀式上，葡萄牙國王高興地歡呼：「我們的香料和珠寶，從此再也不受別人的控制了！」

據說，達伽馬從印度換來的香料和珠寶是全部航行費用的60倍以上。他因此被譽為「葡萄牙的哥倫布」。但是，船員們回到本國時僅剩下55個人。

　　就這樣，達伽馬率領船隊沿著非洲西海岸南下，經過非洲南端的好望角後，沿著非洲東海岸北上，穿過阿拉伯海，最終到達了印度，開闢了從西方直達東方印度的海上新航線——印度航線。達伽馬成為第一位發現和完成從西歐經過非洲南端到印度航線的歐洲人。

達伽馬的貢獻

　　由於印度航線的開闢，自16世紀初以來，葡萄牙首都里斯本很快成為西歐的海外貿易中心。達伽馬的這次里程碑式的航行為東西方在政治、經濟、文化、商貿諸領域中的交流做出了卓越的貢獻，給葡萄牙、西班牙等西方國家帶來了巨大的經濟利益。

　　與此同時，新航道的打通也是歐洲殖民者對東方國家進行殖民掠奪的開端，給當地人民帶來了無盡的災難。

04 第一次完成環球航行的人

麥哲倫1480年出生於葡萄牙北部波爾圖的一個沒落的騎士家庭。10歲的時候,就被父親送進王宮服役。後來,他被編入國家航海事務所,先後跟隨遠征隊到過東部非洲、印度和麻六甲等地探險和進行殖民活動。

這段經歷使他累積了豐富的航海經驗。麥哲倫堅信地球是圓的。於是,他便有了做一次環球航行的打算。

33歲時,麥哲倫回到了家鄉葡萄牙。他向國王申請組織船隊去探險,進行一次環球航行。可是,國王沒有答應,因為國王認為東方貿易已經得到有效的控制,沒有必要再去開闢新航道了。1517年,麥哲倫離開了葡萄牙,來到了西班牙塞維利亞。麥哲倫向塞維利亞的要塞司令提出環球航行的請求。這位司令非常欣賞麥哲倫的才能和勇氣,答應了他的請

求，並把女兒也嫁給了他。

1518年3月，西班牙國王查理五世接見了麥哲倫，麥哲倫再次提出了航海的請求，並獻給了國王一個自製的精緻的彩色地球儀。國王很快就答應了他。

1519年8月1日，麥哲倫率領他的船開始了環球遠洋探航。這次航行，他們並沒有另闢新路，而是沿著當年哥倫布開闢的航線向南美洲進發。

經過兩個多月的海洋漂泊，船隊越過大西洋來到巴西海岸。船隊沿海岸向南繼續航行，在1520年1月來到了一個寬闊的大海灣。大家認為到達了美洲的南端，可以進入新的大洋了。可隨著船隊在海灣中的前進，發現海水變成了淡水。原來，此處只是一個寬廣的河口，這就是今天烏拉圭的拉普拉塔河的出口處。

於是，船隊繼續向南前進。南半球與北半球的季節恰恰相反，南美洲的三月已風雪交加，給航行帶來了很大的困難。當船隊來到聖胡利安港時，已到了月底，船隻只有在這裡拋錨過冬。

1520年10月21日，麥哲倫率領的船隊，在南緯52°附近發現了一個海口。這個海口彎彎曲曲的，而且忽寬忽窄，波濤洶湧，並且兩岸都是高聳入雲的山峰，有的可達1000米，水流湍急，隨時都有船翻人亡的可能。

　　如果他們能夠闖過去，也許就能闖出一條當年哥倫布沒有發現的航道，那將是另一個新天地。

　　於是，麥哲倫以堅強的意志率領船隊，就像鑽迷宮似的在海峽中摸索著前進。

　　1520年11月28日，麥哲倫的船隊在經歷了千辛萬苦以後，終於看見了一片廣闊的海面。麥哲倫望著一望無際的大海，激動萬分。因為，不僅是他們擺脫了死亡的威脅，更重要的是實現了哥倫布沒有實現的夢想，找到了從大西洋通向太平洋的航道。後人為了紀念麥哲倫這次航海功績，就把這個海峽叫做「麥哲倫海峽」。

　　麥哲倫船隊在這片海洋中航行了3個多月，海面一直風平浪靜。因此，他們就將它命名為「太平洋」。此時，大家已經筋疲力盡，船上幾乎是水盡糧絕，可是堅強的信念支撐著他們無所畏懼地向前航行。當時的他們飲污水，吃木屑，甚至吃船上的老鼠，船員們一個個患上壞血病而相繼死去，但麥哲倫仍然堅持在海上航行了3個月，最終來到了菲律賓群島。

　　遺憾的是，麥哲倫來到菲律賓群島以後，與島上的居民發生了衝突，不幸被殺死。所幸的是剩下的船員並沒有被當前的困境所嚇倒，他們經印度洋，繞過好望角，沿著非洲大陸西海岸繼續航行。終於，這支只剩下18名船員的船隊在

1522年9月回到了西班牙，完成了第一次環繞地球的航行。

麥哲倫的壯舉

　　麥哲倫的首次環球航行，歷時3年、行程8萬公里、航跡面積達4.22億平方公里的航行，在當時創造了航程最長、歷時最久、航跡面積最廣的記錄，並且首次證明了「地圓說」的正確性，並且把已經開始的地理大發現推到了最高潮。

05 「奉旨探險」的白令上校

維圖斯‧白令，1681年出生在丹麥的一個普通人家。成年後，他參加了荷蘭海軍，進入當時被稱為世界上最好的阿姆斯特丹海軍學校學習。在穿越達伽馬航線遠渡印度的航行中，白令充分顯示出超凡的能力與堅忍不拔的毅力。

1703年，22歲的白令來到了俄國，在海軍服役。此時，俄國人已經到達了堪察加半島，整個西伯利亞盡入俄羅斯版圖。領土擴張慾望十分強烈的彼得大帝很想知道，歐亞大陸延伸到什麼地方，是否與美洲大陸相連。

1724年，即將退役的白令突然接到了海軍部探險的命令。白令此時正值中年，因他的勇敢精神和航海技術無人可比，毫無爭議地成了這支探險隊的指揮官，並擢升為上校。

　　1725年1月，有著豐富航海經驗的俄羅斯探險家白令奉彼得大帝之命，帶領著25名隊員，離開彼得堡，開始了對西伯利亞北岸的考察之旅。

　　根據彼得一世的指令，他必須帶領船隊「沿著堪察加的海岸線向北航行，以期尋找到與美洲接壤的那塊陸地，而且要親自登陸，並把那條陸岸線標在地圖上，然後才能返回」。

　　他們橫穿俄羅斯，航行了8000多公里，克服重重困難，終於到達太平洋海岸，然後從這裡登陸。1728年，白令的首次旅行證明了美洲和亞洲是兩塊分離的大陸，發現了著名的「白令海峽」。白令海峽，位於亞洲的東北端、北美洲的西北端，它把北冰洋和太平洋連在一起，成了聯結兩個大洋的「橋樑」，把亞洲的西伯利亞和北美洲的阿拉斯加分割開來，又成了北美洲和亞洲大陸間最短的海上通道。

　　彼得大帝未等到捷報就撒手歸去，而信守諾言的白令，在13年後的1741年，再次踏上探險的征途。在這一次航行中，他在北極地區發現了幾個島嶼，繪製了堪察加半島的海圖，並且順利地通過了阿拉斯加和西伯利亞之間的航道，也就是現在的白令海峽。

　　這個發現，使得俄國對阿拉斯加的領土要求得到了承認。不幸的是，白令的船隊被暴風雨沖散，漂泊到科曼多爾群島的一個荒無人煙的小島上。在這個小島上，白令和他船

上的其他28名水手病死了。船員們將他的屍體綁在厚厚的木板上，並蓋上鬆軟的沙土，然後緩緩地推入海中，讓他慢慢地沉沒。就這樣，白令最終長眠在以自己名字命名的大海中。他船上僅剩的46名船員歷盡千辛萬苦，終於回到了他們當初起程的地方。

之後，世人為了紀念他，就用他的名字來為他所發現的海峽命名，名為「白令海峽」。此外，人們又用他的名字命名了白令海、白令島和白令地峽。

探索追蹤

白令海峽的意義

白令海峽的發現，使得俄國對阿拉斯加的領土要求得到了承認。但是，這一領域的管轄權也引發了日後美國與俄羅斯的多次爭議。1990年，前蘇聯外長謝瓦爾德納澤與美國國務卿貝克在華盛頓就如何解決兩國在白令海峽地區邊界的爭端才簽署了協定。可見，白令海峽的發現有著多麼重要的影響力。

06 進軍「萬寶之地」

在15世紀的時候，很多人認為沒有南極大陸，他們認為，地球上的陸地都被汪洋大海包圍著，北極是一片水的世界，南極自然也如此。

不過，也有人提出了反對意見，他們認為，地球的北半球上已經分佈著大片陸地，如果沒有南極大陸來平衡，地球就會因重量分佈不均勻而產生翻動。

南極大陸是否存在？這在很長的時間都是未解之謎。

1768年12月，英國最偉大的航海家和探險家庫克受英國海軍部的委託，率領兩艘獨桅帆船「決心」號和「冒險」號從南非出發，開始了在南太平洋環繞南極大陸的偉大航行。這一次，他沒有發現南極大陸，但卻成為南極圈內第一次出現人類航行的拓荒者。

　　1768年到1779年，庫克三次探索南極大陸，最南到達南緯71度的邊緣，這是人類歷史上第一次航行到地球最南端的記錄，但是，最終因為冰山阻撓而無法前進。

　　在南極洲雖然沒有留下以庫克命名的地名，但他此前穿過的紐西蘭島與北島間的海峽，以及太平洋中的一處群島，已被命名為庫克海峽和科克群島。此後的34年時間裡，沒有一個國家為尋找南方大陸做出過努力。

　　1819年，庫克的探險報告終於引起了美國康涅狄格州的撒尼爾・帕爾默克船長的注意。庫克在他的探險報告中說，南極圈附近水域存在著大量的海豹和鯨，這使帕爾默克產生了濃厚的興趣。他找來一張地圖，開始研究如何到達地圖上的未知的南方大陸。經過一段時間的精心籌備，帕爾默克船長終於率領單桅帆船「英雄」號駛向了南方。

　　他在茫茫大海上航行了幾個月，卻連海豹的影子都沒見著。但帕爾默克堅信，一定會找到那個地方的。然而，越是向南，天氣越是寒冷，氣候也越惡劣。船隻還不時地會遇到或大或小的漂流的冰山。

　　船員們開始洩氣了，紛紛要求返航。但帕爾默克卻有一股不找到海豹誓不返航的決心。於是，他好好安撫了一下他的船員。致使「英雄號」在綠色的海水中繼續向南航行。

　　忽然，帕爾默克發現在淡淡的晨霧中，有一片模糊的黑

影，他命令船隻快速向前靠近。「哇！是一塊無比荒涼的陸地。」帕爾默克驚喜萬分，立即下船登岸。當他們爬上一座高峰時，帕爾默克拿出單筒望遠鏡，向南極眺望，不禁大叫起來：「快來看呀，快來看呀！那是什麼？」

船員們紛紛跑過來，對著望遠鏡向南方望去。那是一片連綿逶迤的山嶽地帶，遠遠看上去，上面好像覆蓋著一層厚厚的冰層，只有高處顯露出棕色的山峰……

帕爾默克清醒地意識到：這就是傳說中的『澳斯特拉利斯地』，地球最南端的那塊大陸，也就是當年庫克船長沒能發現的大陸！

於是，地球上最後一塊被人類征服的大陸——南極大陸，被帕爾默克船長幸運地發現了。

後來，隨著科學探索的不斷深入，人類在揭開南極神祕面紗之後，發現這兒竟然是一塊「萬寶之地」。因為，在它厚厚的冰層下埋藏著對科學探索有著巨大意義的未知奧祕和豐富的自然資源。

眼界大開

中國的南極探險活動

　　中國參加橫跨南極的探險活動，是在1989年7月14日開始的。那天一支由中、美、蘇、法、英、日等6國6名南極考察隊員組成的國際探險隊，1990年3月3日，考察隊到達了終點站——和平站，歷時7個月，行程6400公里，又一次在南極考察史上寫下了光輝的一頁。

 07
安赫爾瀑布的傳奇大發現

1937年的一天，一位名叫傑米・安赫爾的美國飛行員和一位美國探險家，在巴拿馬的一家酒店裡吃飯。吃飯的時候，這個探險家繪聲繪色地向安赫爾講著這麼一個故事：

在一片茫茫的無人知曉的茂密叢林中，有很多條小溪流，這些小溪流翻山越嶺，跌宕起伏，驚濤拍岸……其中有一條緩緩流動的小溪流，那潺潺的流水沖積著許多光芒耀眼的金子……

那探險家興致勃勃地講著，並且還是那麼的有聲有色，以致安赫爾聽得都著了迷。他彷彿來到了那條緩緩流動的小溪邊，看到了那些金光閃閃的黃金……

兩個人談得興高采烈，一致決定去那條流淌著金子的小

溪看一看。於是，安赫爾駕駛著飛機帶著這個探險家朝他們共同嚮往的地方奔去。探險家叮囑安赫爾說：「這條小溪的位置請你不要告訴任何人，好嗎？」安赫爾答應了他的要求。

不一會兒，飛機就飛到了委內瑞拉，降落在離那條溪流不遠的地方。安赫爾和探險家來到了這條溪流的旁邊。探險家撈了45公斤的金子，然後和安赫爾一起登上飛機，飛出了茫茫的叢林，飛到了巴拿馬。

這位探險家撈來的黃金在巴拿馬賣了2.7萬美元，然後他們回到了美國。

安赫爾為了尋找黃金，忘記了自己的承諾。於是在不久之後，他獨自一人駕駛著飛機飛越了委內瑞拉高地，去尋找那條流著黃金的小溪。當飛機飛越弗爾山的時候，他發現了一些瀑布。

兩年後，安赫爾又駕駛著飛機帶著他的同伴飛了回來，作一次更接近瀑布的觀察。可是，他的飛機不幸墜毀，陷入了一片沼澤地裡。於是，他和他的同伴背著乾糧和水，開始步行。他們披荊斬棘穿過熱帶叢林，花了整整11天的時間，終於到達瀑布的跟前。這一次，安赫爾他們沒有找到黃金，卻發現了世界上落差最大的瀑布。

不幸的是，1956的一天，安赫爾在巴拿馬因飛機失事而遇難。世人為了紀念他，就用他的名字來命名這條他發現的

瀑布——「安赫爾瀑布」。至此，這條瀑布也聞名全球。

連結放大鏡

安赫爾瀑布

安赫爾瀑布，世界十二大瀑布之一，位於南美洲委內瑞拉玻利瓦爾省州的圭亞那高原，卡羅尼河支流丘倫河上。藏身於的委內瑞拉與圭亞那的高原密林深處。

安赫爾瀑布是世界上落差最大的瀑布，丘倫河水從平頂高原奧揚特普伊山的陡壁直瀉而下，幾乎未觸及陡崖，落差達979.6米，大約是尼亞加拉瀑布高度的18倍。

瀑布分為兩級，先瀉下807米，落在一個岩架上，然後再跌落172米，落在山腳下一個寬152米的大水池內。這個地區的熱帶雨林非常茂密，不可能步行抵達瀑布的底部。雨季時，河流因多雨而變深，人們可以搭船進入。在一年的其他時間裡，只能從空中觀賞瀑布。

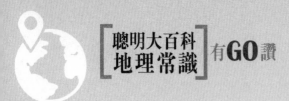

08 病床上得來的「大陸漂移假說」

現在，請你設想一下這樣的情景：如果兩片撕得參差不齊的報紙能夠嚴絲合縫地拼接起來，並且報紙上的印刷內容也能夠相互連接，那我們就可以斷定，這兩片報紙原來是一張完整的紙。

一百多年前，有一位科學家就根據類似的原理，提出了「大陸漂移假說」。

1910年的一天，德國科學家阿爾弗雷德‧魏格納因牙痛而在醫院住院養病。他躺在病床上，無意間把目光移到了牆上的世界地圖上。突然，他眼睛一亮，意外地發現：大西洋兩岸的輪廓竟是如此的相互對應，巴西東端的突出部分與非

洲的幾內亞灣就像從一張紙上剪開來一樣，十分吻合。

再仔細看下去，巴西海岸的每一個突出部分，都可以在非洲西岸找到相應的海灣……

魏格納就像哥倫布發現新大陸似的，他的腦海裡就像翻騰的波濤再也無法平靜下來：非洲大陸和南美洲大陸，以前會不會是連在一起的呢？也就是說，它們之間原來並沒有大西洋，只是後來因為受到某種力的作用才破裂分離，大陸會不會是移動的呢？

想到這，他興奮得竟然忘記了自己的病痛，馬上辦理離院手續回家，並決心把這個問題搞清楚。

回家以後，魏格納展開了調查研究。他把一塊塊陸地都進行了比較分析，又對海岸線的形狀進行觀察，結果發現，地球上所有的陸地都能連在一起。

這時，他腦海裡掠過一個驚人的想法：在古生代石炭紀以前，各大陸曾經是連在一起的，完整的海岸線才有著驚人的吻合。

為了證明這一觀點，他開始搜集資料了，包括海岸線的形狀、地層、構造、岩相、古生物等多方面的資料，並認真地進行了分析探索。當他掌握了大量的證據之後，終於在1912年完成了科學巨著──《海陸的起源》，正式提出了「大陸漂移說」。

　　在這本書裡，他提出了著名的大陸漂移理論。他指出，在2億5千萬年前，目前分成各個洲的古代大陸是連在一起的，並且是唯一的，稱為泛大陸，那時還沒有大洋。以後，完整的泛大陸開始四分五裂，分裂的大陸之間出現了海洋，逐漸形成了現在的七大洲。

　　魏格納的大陸漂移學說，動搖了傳統地質學的理論基礎，由此演化成了板塊構造的理論。但可惜的是，當時他的這個見解並沒有得到人們的認同，直到20世紀60年代，這一理論才被科學家們的許多科技成果所證實，並得到應有的重視。

　　目前魏格納的觀點已被許多人所接受，但它還只能算是科學假說，因為還有一個關鍵問題沒有解決：重達1000億億噸的6塊大陸，究竟是如何漂移的，是什麼力量驅使他們漂移？這個關鍵性的問題至今還無人能做出回答。

魏格納大陸漂移說

魏格納大陸漂移說的主要論點是：現在的美洲、非洲、亞洲、歐洲、澳洲及南極地區，在古生代是一個單一的大陸——泛大陸。

花崗岩質大陸像冰山在海洋中一樣，漂浮在玄武岩質基底上。

由於潮汐力和地球自轉離心力的作用，泛大陸在中生代分裂成幾大塊，最先是美洲和歐洲、非洲分離，中間形成大西洋，接著澳大利亞南極和亞洲分離，中間形成印度洋，移動大陸的前沿遇到玄武岩質基底的阻擋，便發生擠壓和褶皺隆起為山，而移動過程中脫落下來的大陸「碎片」，便成了島嶼。這個漂移過程很緩慢，直到第四紀初期才形成現今地球上海陸分佈的輪廓。

地球是圓的，歷史是直的
——歷史遺跡的祕密

01 重見天日的吳哥窟

1861年，為尋找珍奇蝴蝶，法國生物學家亨利‧墨奧特來到了印度地區。

當時，他和4個當地的土著深入到濃密的叢林中，沿著湄公河逆行而上。

一路上的奇花異草和珍奇昆蟲令墨奧特感到欣喜若狂。但這一切對土著來說，根本不足為奇。

幾天後，當他們5個人來到一片陰森的密林前時，土著卻停了下來對墨奧特說：「主人，就到這裡為止吧，不能再往前去了。」

「為什麼呢？」意猶未盡的墨奧特不解地問道。

「前面密林裡的藏民有幽靈，進去的人從來都是有去無回。」4個當地的土著異口同聲地說。

「哪來的幽靈？要真的有幽靈，我們就更要往前去，把它捉回來。」聽了土著的話，墨奧特不禁感到有些可笑。

「真的不是開玩笑，主人，幽靈就在林中的大城堡裡。」土著邊說邊用手比劃著。

「叢林有個大城堡？」墨奧特感到奇怪，好奇心驅使著他一定要進去看個究竟。

於是，他再三勸說那4個土著，請他們繼續前行，土著終於動了心，又帶著他小心翼翼地走向密林深處。可是，一連走了幾天幾夜，也沒見到城堡的影子，墨奧特感到非常失望，並決定返回。

「前面那是什麼？好像是塔尖。」走在前面的一個土著，突然說道。聽後，他們情不自禁的抬頭望去，只見前方不遠處，有寶塔的塔尖在夕陽的映照下熠熠生輝。

頓時，他們精神大振，格外興奮，忘記了連日來的饑餓和疲勞，尤其是墨奧特高興得手舞足蹈，他恨不得插上翅膀，立即飛到寶塔的身邊……這就是在熱帶叢林中隱身400多年的吳哥窟。

12世紀時，柬埔寨國王蘇耶跋摩二世建立了輝煌的高棉帝國，定都吳哥。他篤信毗濕奴神，希望建造一座模宏偉的石窟寺廟來供奉毗濕奴，他建造的石窟寺廟就是吳哥窟，因此吳哥窟又被稱為「毗濕奴神殿」。吳哥窟當時達到了藝術

上的高峰，所有牆壁上都雕刻著精美的浮雕，即使是通向四方的長廊的牆上，也有描述古代印度神話故事的浮雕。

以吳哥窟為代表的吳哥建築群之精美讓人驚嘆，然而它在15世紀初就突然變成了一座空城。

之後的幾個世紀裡，樹木和雜草慢慢地生長出來，覆蓋了這座盛極一時的城市。直到19世紀，這個遺跡才被發現，展示在世人面前，而在這之前，甚至連柬埔寨本地的人都不知道存在這樣一個地方。

高棉帝國

高棉帝國又叫吳哥王朝，是位於東南亞中南半島柬埔寨的一個古國。大約在西元400年，高棉人建立起一個叫做真臘的國家，它在西元700年前後闍耶跋摩一世統治時期最為強盛。

802年，闍耶跋摩二世建立高棉國家，將吳哥王城作為帝國首都。

1010～1150年蘇利耶跋摩一世和蘇利耶跋摩二世的統治時期，高棉帝國步入極盛。到了13世紀，人們逐漸厭倦被迫為當時的統治者服勞役，高棉社會開始瓦解。

1431年，入侵的暹羅軍隊強迫高棉人放棄吳哥，高棉帝國滅亡，吳哥王城從此被湮沒在叢林之中。

02 胡夫大金字塔之謎

相傳，在古埃及第三王朝（前2686～前2613年）以前，無論是王公大臣還是老百姓，死後都會被葬入一種用泥磚建成的、叫做「馬斯塔巴」的長方形墳墓中。

後來，有個叫伊姆荷太普的年輕人，在給埃及法老左塞王設計墳墓時發明了一種新的建築方法——用山上采下的呈方形的石塊來代替泥磚，堆疊成一個六級的梯形金字塔——這就是我們現在所看到的金字塔的雛形。

金字塔可以說是古埃及文明的象徵。在埃及，目前已經發現大大小小的金字塔110餘座，大多建於埃及古王朝時期，其中最大的當屬建於西元前2690年左右的法老胡夫的金字塔。古埃及人用了230萬塊大石頭，砌成這樣一座宏偉的建築。

　　據說這個建築一共動用了10萬人，花費20年才得以完成。胡夫大金字塔，除了以其規模的巨大而令人驚嘆以外，還以其高度的建築技巧而著名。

　　塔身的石塊之間，沒有任何水泥之類的黏著物，而是一塊石頭疊在另一塊石頭上面的。每塊石頭都磨得很平，至今已歷時數千年，人們也很難用一把鋒利的刀刃插入石塊之間的縫隙，所以能歷數千年而不倒，這不能不說是建築史上的奇蹟。

　　約翰‧泰勒是英國《倫敦觀察家報》的一名編輯，他對天文學和數學十分感興趣。有一次他根據文獻資料中提供的資料對大金字塔進行了研究。經過計算，發現胡夫大金字塔令人難以置信地包含著許多數學上的原理。

　　當時，他首先注意到胡夫大金字塔底角不是60°，而是51°51'，從而發現每壁三角形的面積等於其高度的平方。另外，塔高與塔基周長的比就是地球半徑與周長之比，因而，用塔高來除底邊的2倍，即可求得圓周率。

　　泰勒認為這個比例絕不是偶然的，它證明了古埃及人已經知道地球是圓形的，還知道地球半徑與周長之比。

　　泰勒的這個觀念受到了英國數學家查理斯‧皮奇‧史密斯教授的支持。1864年史密斯實地考查胡夫大金字塔後，聲稱他發現了大金字塔更多的數學上的奧祕。

　　例如，塔高乘以10.9就等於地球與太陽之間的距離，大金字塔不僅包含著長度的單位，還包含著計算時間的單位：塔基的周長按照某種單位計算的資料恰為一年的天數，等等。

　　史密斯的這次實地考察受到了英國皇家學會的讚揚，他為此而獲得了學會頒發的金質獎章。

　　後來，一位名叫費倫德齊・彼特里的人帶著他父親用20年心血精心改進的測量儀器又對大金字塔進行了測繪。在測繪中，他驚奇地發現，大金字塔在線條、角度等方面的誤差幾乎等於零，在350英尺的長度中，偏差不到0.25英寸。

　　但是彼特里在調查後寫的書中否定了史密斯關於塔基周長等於一年的天數這種說法。

　　彼特里的書在科學家中引起了一場軒然大波。有人支持他，有人反對他。

　　大金字塔到底凝結著古埃及人多少知識和智慧，至今仍然是沒有完全解開的謎。

金字塔能

金字塔內有著一股特殊的能量，被稱為「金字塔能」。據說這種能量有著許多奇妙的用途和奇特的功效。

一些科學家說，實驗的結果表明，把肉食、蔬菜、水果、牛奶等放在金字塔模型內，可保持長期新鮮不腐。把種子放在金字塔模型內，可加快出芽。斷根的作物栽在模型內的土壤裡，可促其繼續生長。金字塔形溫室裡的作物，生長快、產量高。

把自來水放在金字塔模型內，25小時後取出，稱之為「金字塔水」。這種水有著許多神奇的醫學功效。

 03

獅身人面像的鼻子去哪了

古希臘神話中說獅身人面像是巨人和蛇妖所生的怪物。它長著美麗的人頭、獅子的身體，像鳥一樣帶著翅膀，名字叫斯芬克斯。

有一天，他從智慧女神繆斯那兒學會了許多謎語，並用它來作為吃人的藉口。只要無法答出他的謎語，就把這個人撕得粉碎後吞食，就連國王的兒子也沒有放過，成了他口中的「美食」。對此，國王心中萬分悲憤，發出告示，誰要能除掉這個惡魔，就把王位讓給他。

有一天，一位名叫俄狄浦斯的青年人勇敢地站了出來爬上斯芬克斯蹲踞的懸崖，等待著怪物的提問。

「什麼生物早上是4隻腳走路，中午是2隻腳走路，晚上用3隻腳走路？」斯芬克斯兇惡地問。

「這種生物是人。因為小孩剛走路時，手腳並用，要爬行，這是人生的早晨；長大了，才用2隻腳走路，這是人生的中午；人老了，體力衰退，需要使用拐杖，變成了3隻腳走路，這是人生的晚上。」俄狄浦斯稍作思考便答了出來。

斯芬克斯見自己沒有難倒俄狄浦斯，羞愧得無地自容，便立刻從懸崖上縱身跳下，將自己摔得粉身碎骨。

西元前2250年，埃及國王哈夫拉來到吉薩，察看金字塔的修建情況，當他看見採石場的一塊巨大的石頭時，便命令石匠按照傳說中的斯芬克斯形象，雕刻一尊獅身人面像安放在自己的陵寢旁邊。心靈手巧的石匠們按照國王的要求，終於把獅身人面像雕刻完畢。它雙目炯炯有神，威嚴地注視著前方，直面東部，靜靜地臥在金字塔的旁邊，兩隻巨大的前爪輕輕地搭在地上。整個雕像構造非常精巧，人與獅子渾然一體，真可謂巧奪天工。

獅身人面像建成後的幾千年間，曾幾度神祕失蹤，都又奇蹟地重新出現。這已不再是謎團，科學界已推論出它只不過是一次次被沒在沙土裡而已。

但還是讓人感到不解的是，不知過了多少年以後，獅身人面像的鼻子失蹤了。這是什麼原因呢？人們做出了如下三種猜測：

一是，這是拿破崙一世在侵略埃及時，命令用大炮把這

一「國寶」的鼻子炸飛的。因為，拿破崙一世本來以為獅身人面像的鼻子裡暗含著通往金字塔的祕密通道。

　　二是，500年前，埃及中世紀時的禁衛兵在演習時，不小心把獅身人面像的鼻子炸掉了。可是，埃及歷代國王和臣民都對獅身人面像敬重有加，怎麼會敢在這裡操練兵馬呢？這讓人難以理解。

　　三是，鼻子失蹤不是人為的因素，而是大自然風化的「惡果」。一些專家認為，鼻子在臉部高高凸起，容易遭受風吹雨打，年復一年，鼻子就在不知不覺中消失了。

探索手記

獅身人面像的「發聲之謎」

　　獅身人面像曾經還有「發聲之謎」。現在，科學家經長期研究觀察後發現，雕像內部有許多小孔，受風會發出隱隱約約的聲音，由於風力的大小不同、快慢有別以及方向的變化，使獅身人面像有時會發出像唱歌一樣的宛轉聲音，有時又發出了好像低低的啜泣聲。

04 印加帝國的「失落之城」

馬丘比丘位於祕魯境內的安第斯山脈中，被稱作印加帝國的「失落之城」。「馬丘比丘」在印加語中意為「古老的山巔」。

西元前9世紀初，印加人在安第斯山脈海拔2000多米的山頂上建起了一座美麗的古城，人們稱它為「雲中之城」。15世紀末，歐洲殖民者踏上美洲大陸，他們對印加人進行了瘋狂的燒殺搶掠，許多城市變成廢墟。

為了掠奪更多的金銀財寶，侵略者們到處尋找這座傳說中的古城，卻一無所獲。

直至1911年，美國考古學家賓厄姆終於發現了這座傳說中的古城，馬丘比丘的神祕面紗才被逐步揭開。

古城中的建築保存得非常完整，房屋大多依山而建，周

圍有高大整齊的石牆環繞。城內有高大雄偉的神廟、華麗的王宮、堅固的堡壘，還有整齊的庭院、街道、廣場、祭壇。建築物之間以縱橫交錯的石階小路相連，從1000米外引來的山泉通過管道被送到主要建築物前。

馬丘比丘是個石頭城，城堡中的所有建築都是用巨石壘砌而成的，每一塊石頭都至少有1000公斤重。

石塊像小孩玩的拼圖一樣被巧妙地組合起來，沒有使用任何黏合用的灰漿之類的東西，但它們之間連一片薄薄的刀片也插不進去。

令人不解的是，在沒有文字，也不知道用車輪和牲畜來運送物品的古代，完全靠手工用的鐵鑿子等工具進行加工，印加人是怎樣把這些幾噸重，甚至幾十噸重的石頭運到山頂的？他們又是怎樣對這些石頭進行切割，並巧妙地將它們拼合在一起，建成這座規模宏大的建築群的？古城顯示出印加人無與倫比的智慧，我們只能憑想像來揣度這一切。

印加帝國

印加帝國是11世紀至16世紀時位於美洲的古老帝國，其版圖大約是今天南美洲的祕魯、厄瓜多爾、哥倫比亞、玻利維亞、智利、阿根廷一帶，首都設於現祕魯南部的庫斯科。

有關印加帝國的早期歷史似乎只記載在神話傳說中。據猜測，印加帝國的開端可能也只是一個小小的王國。

這個小國和14世紀時安第斯山脈附近的許多小國沒有什麼區別，最終卻成了一個強有力的國家，版圖一直延伸到庫斯科的北部，並不斷擴張。

直到1532年，由法蘭西斯科領導的西班牙人入侵印加帝國時，擴張才被迫結束，並一點點走向滅亡。

印加帝國和馬雅文明、阿茲克文明並稱為古代美洲三大文明。

05 克里特島地下迷宮

傳說在遠古時代，有一位叫做彌諾斯的國王統治著克里特島。他在克里特島建造了一座有無數宮殿的迷宮，在迷宮的深處，有一個人身牛頭的野獸名叫米諾牛。這個國王要求雅典人每隔九年將七對童男童女獻給牛怪。

雅典的國王愛琴的兒子忒修斯決定殺死牛怪，拯救國民。他和童男童女來到克里特，在克里特公主的幫助下，忒修斯最終殺死了牛怪，返回了雅典。

1900年，一隊英國考古學家來到克里特島，想找出傳說中有關迷宮的歷史古蹟。功夫不負有心人，經過三年的艱苦工作，他們終於在克里特島的克諾薩斯找到了迷宮，發現了彌諾斯王宮的遺址和大量文物。

這座迷宮修在一座叫做凱夫拉山的山坡上，有大大小小

的宮殿1500多間。

　　這座迷宮分為東宮和西宮，寬闊的長方形中央庭院把東宮和西宮聯結為一個整體。這些華麗的建築物之間廊道迂迴，宮室交錯，如果不熟悉地形，一旦走進去就很難找到出路，所以稱它為「迷宮」再恰當不過了。

　　迷宮的牆上裝飾著壁畫，這些壁畫經過3000多年的時光，在剛出土時，仍然色彩鮮艷。壁畫上展示了鬥牛戲的內容，也有表現國王活動的內容。

　　除了內容豐富的壁畫，考古學家還在這裡發現了2000多塊泥板，上面刻著許多線條構成的文字，人們也把這種文字叫做「線形文字」。

　　直到1953年，才有學者破譯了這些線形文字，原來它們是國王的帳簿。這些文字和古希臘文字只有些微的不同，這可能提示我們克里特島文化和希臘文化之間有密切的聯繫。

探索手記

克里特島

　　克里特島位於地中海北部，是希臘的第一大島，總面積8300平方公里。

　　克里特島上的米諾安文明劃開了西方文明的混沌，即使後來經歷了希臘大陸、拜占庭、羅馬及鄂圖曼土耳其文明的洗禮，克里特島上的米諾安文明仍是西方文明中令人不可或忘的一頁，甚至後來的強勢文明都以它為根、融合它的精神。

　　作為愛琴海最南面的皇冠，克里特島曾是諸多希臘神話的源地，希臘文化、西方文明的搖籃，而現在則成了美景難以形容的渡假地。

06 瞬間消失的龐貝古城

1594年的一天，人們在薩爾諾河畔修建飲水渠時發現了一塊上面刻有「龐貝」字樣的石頭；後來，一名建築工人在維蘇爾威山腳下的一座花園裡打井時，又有了重要發現：「哇，這是多麼美麗的雕像！」這個發現讓這名工人驚訝不已。

「啊，想不到還有兩件！」幾乎在同一時間，他又挖掘出兩尊衣飾華麗的女性雕像。

遺憾的是，這個建築工人和其他幾個同事並沒把它當一回事，當地的文物部門也認為這些不過是那不勒斯海灣沿岸古代遺址中的文物而已。一個轟動世界的偉大發現就這樣與他們擦肩而過。

1748年，人們挖掘出了被火山灰包裹著的人體遺骸，一

下成了驚天動地的特大新聞：「一定是有著『空中花園』之稱的龐貝古城被埋在地下！一定是！」專家們都十分肯定的認為。

於是，他們和新聞記者都趕到了現場。這密封在地下千年、占地近65公頃的古城再次牽動了人類的神經。

1860年，人們開始正式發掘龐貝城遺址。發掘工作遇到了許多想像不到的困難，工作時斷時續。考古學家好不容易一層一層地挖開了火山岩，深埋地下的龐貝古城漸漸呈現在人們的眼前了。

人們看到古城市場的角落裡還有成堆的魚鱗，酒吧的牆壁上仍寫有「老闆，你要為你的鬼把戲付出代價，你賣給我們水喝，卻把好酒留下」，一戶居民的後花園裡種滿了夾竹桃，廚房的鐵爐上架著平底鍋，餐桌上的雞蛋旁放著一個小人玩偶，在一些別墅的地面上，用馬賽克拼出狗的圖案，旁邊提醒人們注意狗咬的字樣仍然清晰可辨⋯⋯

這個古城直到100多年之後才得到全面地開掘。人們看到它就像一座巨大的博物館，展現出近2000年前的古羅馬城市風貌和當時人們的生產生活情景。

它是一個約有25000餘名居民的城市，有羅馬皇帝的大型行宮，有許多貴族鉅賈的豪華別墅，還有一座規模宏大的巨型體育場，100多家酒吧，容納5000人的劇院。更讓我們

驚嘆的是城裡有3座大型公共浴場，管道齊全，而且一般居民家都鋪設了水管，建有浴室，城內馬路寬敞整齊，馬路旁還有人行道。

　　從挖掘現場還發現，龐貝古城當時的商業非常發達，僅麵包作坊就有40多家，災難降臨前不久烤好的麵包經歷千年的「珍藏」，依然完好地放置在烤箱中。

龐貝古城如何消失

　　西元79年8月24日下午1點，維蘇爾威火山突然爆發，噴出了大量的火山灰、火山碎屑和熾熱的岩漿，把方圓數十公里之內的土地、河流、建築等全部覆蓋了，致使這有著「人間花園」美譽的龐貝瞬間消失。

　　在這場浩劫中許多生命都化為烏有，只有少數在外地的居民得以倖存。不久之後，有些倖存者在維蘇爾威山腳下又建起了新的城鎮。

大辛巴威之謎

1868年的一天，一個名叫亞當·倫斯的葡萄牙獵人在搜索獵物時，來到一片茂密的原始森林。當他走進這個人跡罕至的森林不久，忽然眼前一亮，一座用花崗岩砌成的巍峨的古堡出現在他的面前，他不禁嚇呆了。

亞當小心翼翼地走進古堡，發現這是一個古城遺址，已經被廢棄很長時間了。遺址主要由內城、衛城和谷地殘垣三部分組成，東、西、南三面環山，北面臨湖，在茂密的樹林和荒草的掩映中，規模宏大的石頭建築群與周圍環境渾然一體。

內城是一座依山而建的橢圓形城寨。城牆分為兩層，外層由6～9米高、240米長的城牆圍成，內層則是90米長的半圓形城牆。城牆內還有蜿蜒曲折的矮牆，將內城分割成好幾塊大小不等的圍場，人在裡面如同進入迷宮一般。城中還有

一座高15米的圓錐形實心塔，另外還有神廟、石碑、宮殿、官員和隨從的居室以及倉庫等。所有這些建築都是用當地產的花崗岩建造的，石頭與石頭之間雖然沒有使用膠泥、石灰等黏和物，卻異常牢固。

離內城不遠的一座地勢險峻的山上矗立著衛城，它和內城之間只有兩條羊腸小徑相通。衛城的城門十分狹小，人側著身子才能通過。城內的道路錯綜複雜，像一個迷宮。同內城一樣，衛城的牆上也雕著精美的圖案。

在內城和衛城之間有一片谷地殘垣地。這裡留下了不少房屋、梯田、水渠、水井、鐵礦坑和煉鐵工具，還有來自中國的瓷器和來自阿拉伯、波斯的玻璃器皿及金器，還有來自印度的佛教串珠。於是，亞當想，這裡當年一定商業發達，經濟繁榮。

發現了這個古堡遺址後，亞當立即將它公之於世，之後許多人都紛紛來到這裡進行考察。有位地質學家從這裡搜刮了不少文物後，居然編造了不少這裡有寶藏的謠言，使得其後的100多年中，遺址遭到了很大的破壞，為考古工作帶來了很大的困難。這個古堡的遺址被後人稱之為大辛巴威。

現在，關於這個古堡遺址考古界還存在著一些分歧，主要有如下兩點：

一是在對遺址的評價上，考古界分歧很大。一些考古學

家認為，古堡遺址可能是來自地中海的腓尼基人在西元前2000年時修建的。也有考古學家，認為是印度或者阿拉伯商人修建了這個城堡；還有一些考古學家認為它可能是猶太人建造的。後來，越來越多的學者認為，古堡的確是當地的「土產」。

　　二是，關於遺址建造的年代，說法不一致。有些考古學家認為，古堡建造的年代在西元6世紀到8世紀，有的則不贊同。

 探索手記

辛巴威文化

　　辛巴威是南部非洲重要的文明發源地。在中世紀時代，紹納人（屬於班圖族的一支）在此生活，並且留下不少文化遺跡，其中最重要的莫過於大辛巴威古城。

　　以此城為首都的穆胡姆塔巴帝國透過與來自印度洋岸的回教商隊貿易，在11世紀時漸漸強盛，到15世紀時，成為非洲南部最大的邦國。

　　紹納文明的強盛在19世紀時進入尾聲，1837年時，紹納人被屬於祖魯族的恩德貝萊人征服，而來自英國與來自南邊的波爾人開始逐漸蠶食這個地區。

　　此後，辛巴威開始變成歐洲強國的殖民地，直到1980年才獲得獨立，建立起屬於自己的政權。

神祕的帕倫克古城

1830年，一群西班牙殖民者沿著墨西哥的奧托羅姆河考察，在經過帕倫克一帶時，他們驚奇地發現在茂密的野草叢中，竟然出現了一座古堡。於是他們開闢了一條森林小道，繼續探索，發現了很多古蹟，最終人們確定這裡曾經是一座繁華的古城。由於古城的發現，沉睡了千年的地方又開始變得熱鬧起來，附近的人陸續搬遷到這裡，於是這裡又形成了一個小城——帕倫克城。

說到帕倫克城，也許你會有點兒陌生，但是提到曾經無比燦爛的馬雅文化，你是不是就覺得熟悉多了呢？沒錯，這裡就是馬雅文明時期最重要的城市之一。

目前馬雅考古史上最大的收穫就是巴加爾國王石棺的發現，這口石棺蓋子重達4.5噸，很好地防止了盜墓情況的發

生。國王的四周擺放著珠寶，頭頂有一片玉石面罩。最具爭議的是石棺蓋子上的一幅浮雕，浮雕上的國王穿著太空衣，頭戴頭罩，頭盔上面插管子和天線，利用儀錶盤操縱著航天器，似乎正穿過銀河系駛向天堂，難怪很多UFO愛好者都稱馬雅人是天外來客呢。

馬雅人的消失確實值得研究。9世紀時，擁有10多萬居民的馬雅民族消失了，而且消失得非常突然。他們究竟為什麼消失呢？是強大的外族，是瘟疫，還是集體遷往另一個地方隱居了呢？迄今為止，這些問題仍然是尚未解開的祕密。

探索手記

馬雅文化

馬雅文化是世界重要的古文化之一，更是美洲非常重大的古典文化。馬雅文明孕育、興起、發展於今墨西哥合眾國的尤卡坦半島、恰帕斯和塔帕斯科兩州和中美洲內的一些地方，包括今天的伯利茲、瓜地馬拉的大部分地區、洪都拉斯西部地區和薩爾瓦多中的一些地方。

據後世研究者推測，馬雅文化流行地區的人口在最高峰時達到1400萬人。

千人千面的兵馬俑

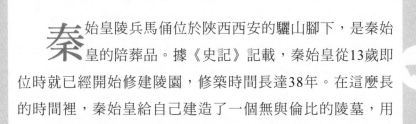

秦始皇陵兵馬俑位於陝西西安的驪山腳下，是秦始皇的陪葬品。據《史記》記載，秦始皇從13歲即位時就已經開始修建陵園，修築時間長達38年。在這麼長的時間裡，秦始皇給自己建造了一個無與倫比的陵墓，用兵馬俑殉葬，將自己在人間的千軍萬馬也帶到了另一個世界。

秦始皇陵兵馬俑是世界考古史上最偉大的發現之一，而兵馬俑所在的陪葬坑可以說是世界上最大的地下軍事博物館。

俑坑中最多的是武士俑，大部分手裡都拿著青銅兵器。這些青銅兵器經過防銹處理，埋在地下兩千多年，直至今日仍然光亮如新，鋒利無比。

仔細觀察這些秦俑，你會發現他們的臉型、身材、表情、眉毛、眼睛和年齡各不相同，沒有重複的，這可能是因為秦國統一六國之後全國徵兵，兵源來自各地，而各個民族

的人都有不同的體貌特徵。關於兵馬俑還有一個傳說，就是俑坑中的兵馬俑的臉是中國的臉譜庫，涵蓋了中國所有類型的臉，不管是誰，都能在那裡找到一個和自己長得特別像的兵馬俑。

此外，在秦始皇陵附近的陪葬坑中，考古學家還發現了具有歐洲人種特徵的人陪葬，有人推測，隨著挖掘工作的繼續進行，我們也可能看到具有西方臉孔特徵的兵馬俑。

在兵馬俑發現之前，一般的中國通史書上都沒有把秦作為一個單獨朝代來介紹，由於秦朝只存在了十幾年時間，所以，專家都把秦和漢歸在一起，統稱秦漢史。自從兵馬俑被發現後，便徹底改變了這一現狀。

名人小檔案

秦始皇

秦始皇（西元前250～西元前210年），姓嬴，名政，中國第一個多民族統一的封建帝國——秦王朝的創始人。

西元前246年至西元前210年在位，西元前238年親政。從西元前230年滅朝韓開始，到西元前221年滅齊，統一六國，結束了長期以來諸侯割據混戰的局面，建立了中國歷史上第一個封建王朝。

馬王堆漢墓的發掘

1972年1月16日，考古工作者開始著手發掘馬王堆漢墓。他們首先發掘了馬王堆漢墓一號墓，根據出土的漆器款式、封泥、印章等推斷，此墓是西漢長沙國丞相利蒼夫人辛追的墳墓。

考古人員又在4月28日打開了內棺棺蓋，令人感到驚訝的是，呈現在人們面前的是一具沉睡了兩千多年卻顯得十分新鮮的女屍：

「天啦，全身柔軟而有彈性，外形竟然完整無缺，這實在是一個奇蹟！」在場的專家學者發出一片輕輕的驚嘆。

儘管當時天氣寒冷，但是人們都為這一重大發現興奮得全身熱血沸騰。

當時，在場的人發現，辛追屍體除了眼球有些突出、舌

頭外吐等明顯的變化外，其他的部位都完好如初。當防腐專家給她注射防腐劑時，皮、肉、血管等軟組織，隨著藥水所到而鼓起，然後透過微血管擴散。這些特徵完全像一具剛死的鮮屍。這是世界上首次發現的歷史悠久的濕屍，出土後立即震驚了世界。

之後，考古工作者們又再接再厲，在1973年11月18日和12月18日，考古人員分別發掘了三號墓和二號墓，並且確定了三號墓主為利蒼之子，二號墓主即為利蒼。但遺憾的是，工作人員在有序的挖掘中發現，利蒼墓因多次被盜遺失了很多隨葬品。1974年，考古工作者們才結束了對整個墓地的發掘工作。

探索手記

千年不腐之謎

辛追屍體之所以經歷2000多年而不腐爛是因為與墓葬的嚴密結構密切相關。她的屍體由三層槨和三層棺裝殮，這已經夠嚴密的了。但在槨的四周以及上部又填塞了一尺厚的木炭，用來吸水防滲。

木炭外面還包著一層透水性極小的兩、三尺厚的白膏泥，形成密封狀態。這樣就造成了一個恆溫、恆濕、缺氧、無菌的環境，對屍體防腐起了關鍵作用。

三星堆遺址的祕密

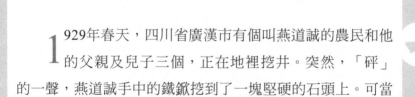

1929年春天，四川省廣漢市有個叫燕道誠的農民和他的父親及兒子三個，正在地裡挖井。突然，「砰」的一聲，燕道誠手中的鐵鍬挖到了一塊堅硬的石頭上。可當他繼續往下挖的時候，露出來的石頭都令他大吃一驚。

「嘿，這不是普通的石頭，是玉石。」讀過幾年書的父親激動不已，小聲地說，「這是寶貝啊，快把它埋起來，等天黑了，你們再帶回家」。

祖孫三人竊竊私語一番後，把那個剛挖開的坑又埋了起來，並暗暗做了記號，懷著萬分激動的驚喜往回走。

好不容易等到夜幕降臨，祖孫三人才悄悄地走出村子，來到當初挖出的那個坑。這一次他們從坑裡挖出了許多寶貝，可把他們三個樂壞了。

　　他們得到這批寶物後，沒有拿到市場上去賣。只把這些玉釧、玉璧、玉琮等作為禮物在逢年過節的時候送給親朋好友。因此，一些稀世珍寶漸漸流落民間。

　　後來，當地政府在這裡興建磚廠，組織工人挖土時，再次發現了一批價值連城的玉器、金器。至此，神祕的三星堆文明走進了人們的視線。

　　經過兩次挖掘，三星堆出土了大量的珍貴文物，好像一座神祕的地下寶藏被突然打開。這裡出土的幾十件青銅器，一百多件金器都造型獨特，巧奪天工，還有70多枚象牙。在一個地方發現這麼多的象牙實屬罕見。

　　在這些出土的珍貴文物當中有一個「與眾不同」的高大青銅人像。它飄逸、超脫，充滿神奇的想像力。這個高大的青銅人，不僅鼻子大大的，嘴巴也很大，嘴上好像塗著朱砂，眼睛像個三角形。這樣極富誇張的人像，在中國考古史上是僅有的發現。為什麼要用青銅雕塑這個高大的人像？他是誰，代表什麼？人們還一直沒有弄清。

　　另外，文物中還有一棵奇特的神樹。它高達4米，由底座、樹身和龍三個部分組成。這棵樹長在一座小山上，分上中下三層，每一層的樹枝都是三根。古人用金子做樹葉，用白玉做果實。在這棵小樹上，共有9隻小鳥和27顆「果實」。樹幹上還有一條小龍正在蜿蜒而下。想一想，爬行的龍，嚶

嚶啼叫的小鳥，隨風搖動的樹葉……這是一幅多麼動人的田園風景畫啊！可是，這是一棵什麼樹呢？有的說是古代的搖錢樹，有的說是傳說中東海的扶桑樹。

更讓人不解的是，三星堆這些寶物的主人是誰？它是怎麼來的？當時的四川沒有很多的金礦和銅礦，那麼，這些金器、玉器、銅器的原料是從哪裡來的？有的說，它屬於外來文明；有的說，當時的中原夏王室發生動亂，王室裡的人把這些寶物偷偷運到了蜀地埋藏起來。但是，這些都僅僅是猜測而已。

三星堆文物之謎

有人推斷三星堆中的文物是為了躲避戰火或者意外的浩劫才不得不埋在地下的。

文物出土後，文物專家發現，許多器物上有火燒的痕跡，還留有火燒的骨渣，許多銅器被火燒得面目全非，雪白的象牙，也被熏成了黃色。青銅神樹也被人為地破壞過，折斷成了好幾段，經過考古學家們精心修復才形成目前的這個樣子。

愛發脾氣的地球——
魔法般的氣象

01 六月飛雪竇娥冤

關漢卿所寫的《竇娥冤》是中國著名的悲劇，故事中的竇娥被小人誣陷為殺人兇手，含冤而死，臨死前悲憤地說：「如今是三伏天道，若竇娥委實冤枉，身死之後，天降三尺瑞雪，遮掩了竇娥屍首。」被斬後，六月的天果然飄起了鵝毛大雪。

雖然這只是作家的虛構，但炎熱的夏天真的會下雪，你相信嗎？

1987年農曆閏6月24日，上海市區飄起了小雪花；同年6月5日，河北張家口地區降了一場大雪，氣溫降到了-7℃。這令人難以置信的一幕，真實地在上面兩個地方發生了。

從降水形態上分，大自然的降水有液態降水和固態降水兩種形式。像雪、冰雹等固態降水主要集中在天氣寒冷的冬

天，液態降水則可以出現在一年四季中。冰雹有時也在夏季出現，但是，夏季下雪，民間稱為六月雪，確實是罕見的天氣現象。

六月天為什麼會下雪呢？是氣候異常嗎？專家認為，產生六月雪的直接原因大半是夏季高空有較強的冷平流。

例如，1980年莫斯科下了一場六月雪，就是由於斯堪的納維亞北部寒流的入侵，才造成了六月雪現象的。有些專家認為六月雪的產生，與太陽活動、洋流變化、火山爆發等因素有關，因為這些因素是導致氣候異常的高手。但是，由於技術與觀測手段的落後，目前人們還沒有得到這方面足夠的例子，來證明這一點是正確的。

與六月雪相映成趣的是下雪天打雷。1970年3月12晚上，中國長江中下游地區狂風怒吼，下著少見的春季大雪，突然天空中電光閃閃，雷聲隆隆，雷聲、雪花交織成一幅奇怪的氣象圖。人們只知道夏天打雷是很自然的現象，為什麼下雪天也打雷呢？專家們分析了當時的氣象後，才為人們解開這道謎底。

原來，當時該地近地面層的冷空氣，是從華北經黃海北部一帶流到長江下游來的，溫度很低。到了晚上，冷空氣使這裡的氣溫很快降到0℃左右，具備了降雪的條件。而這時候，在這股冷空氣的上面，從南方海洋上吹來的強暖濕空

氣，在長江中下游正好同冷空氣相遇，並沿著低層冷空氣猛烈爬升，於是，在將要下雪的雲層中發生了強烈的對流現象，形成了積雨雲。這樣，就產生了一面下雪，一面打雷的奇觀。

世界下雪最多的地方

世界上一年中下雪最多的地方是美國首都華盛頓，年降雪量達1870公分，為什麼華盛頓能下這麼多的雪呢？

下雪要有兩個條件：一是溫度要下降到攝氏零度以下，二是要有充足的水汽。華盛頓離大西洋、五大湖都不遠，水汽來源十分充沛；同時，來自格蘭島的冷空氣常常經過這裡，因而使它成了世界上年降雪量最多的地方。

02 既大方又小氣的雨

雨是怎麼形成的？

地球表面的水經過太陽的照射會變成水蒸氣，水蒸氣很輕，它們在上升過程中遇到冷空氣後會變成小水滴。無數的小水滴凝聚在一起，就形成了雲。小水滴們在雲裡互相碰撞，結合成大水滴，直到空氣托不住時，它們就會從雲中落下來，成為我們平時見到的雨。

世界上的降雨是一個很奇妙的過程，有的地區連年降雨，雨水過多，會造成洪澇災害；而有些地區成年乾旱，常年不下一滴雨，雨水過少，就會造成乾旱。即便是降雨，有的地方是和風細雨，悠閒自得；有的地方卻是雷雨大作，狀如傾盆。

世界上的雨極與旱極分別在哪裡呢？

　　1975年8月7日，中國河南省郭林24小時降雨1054.7毫米，釀成大洪災。但比起印度洋西部的留尼旺島，卻是小巫見大巫了。1952年3月16日，留尼旺島創下了24小時下雨1870毫米的世界紀錄，這裡成了世界上暴雨最大的地方。留尼旺島位居南緯21°，四周環海，面積僅有2510平方公里，屬於熱帶海洋性氣候，島上有一座海拔3069米高的高山。這裡因為氣溫終年炎熱，海水大量蒸發，大氣中的水汽供應充足，水汽到達高空，迅速冷凝成水滴，變成雨。由於這裡海面與空中的溫度相差懸殊，所以上下熱力對流極其強烈，對流越強，凝結的雨滴就越多。

　　儘管留尼旺島創下了最大暴雨的紀錄，但一年內的雨量最多的地方卻不是這裡，而是印度洋北邊的乞拉朋吉。這個地方年平均下雨量為12665毫米。1860年8月1日到1861年7月31日降雨量為26491毫米，這一年降雨量紀錄是地球上最大的，迄今為止還沒有哪個地區能打破這項紀錄。而地球上的「雨極」與「旱極」都集中在智利國，這緣於智利是一個地形奇特的國家。

　　智利是世界上最狹長的國家，從南到北一字兒擺在東邊的安第斯山與西邊的太平洋之間一條極其狹窄的條帶內。向智利吹來的猛烈西風以及南半球海洋中規模最大的西風漂流都可堪稱地球之最。

　　如此強勁的西風和洋流，日日夜夜帶著海洋的水汽來到智利南部。這些水汽一到這裡立即受到安第斯山的阻擋而被迫順著山坡上升，並迅速凝成雨滴落到地面。因此智利南部的巴伊亞菲利克斯這個地方，一年竟有330天在下雨，即使沒有雨的那幾天，也是烏雲密佈，難得見上太陽一面，真可謂是地球的「雨極」。

　　而智利北部的阿他加馬沙漠，與「雨極」相反，常年在穩定的東南信風控制下，而從東邊大西洋來的水汽又被高山擋住，因此一年中雨量不到1毫米，從1845年到1936年的91年中竟未下一滴雨，堪稱世界的「旱極」。

我猜你不知道

「雨極」和「旱極」

　　台灣的山脈，南北綿延，位於基隆南面、基隆河發源地的迎風高地上的火燒寮，是降雨最多的地方，平均年降水量是6500毫米，1912年曾出現過8408毫米的紀錄，被稱為「雨極」。位於新疆吐魯番盆地的西部邊緣，是中國降水最少的地方，年平均降水量為5.9毫米，1968年僅降水0.5毫米，降水日數甚少，年均為8.3天，連續無降水日數最長達350天（1979年9月28日～1980年9月11日），為「旱極」。

 神通廣大的風

什麼是風？

「解落三秋葉，能開五月花，過江千尺浪，入竹萬竿斜」，這是唐人描寫風的一首謎語詩。看起來，風好像是一個神通廣大的傢伙，它高興時讓樹林唱歌，讓柳枝跳舞；它生氣時能將大樹連根拔起，讓狂沙漫天飛舞、遮天蔽日。

真的是這樣嗎？

其實，風是一種最為常見的自然現象，是因空氣流動而產生的。在海洋上，風向和風速的變化是規則的、慢慢變化的；可是，在陸地上，起伏的地形與山脈，把風場全搞亂了。地形影響風場主要有兩大招數：機械影響和熱力影響。世界上有許多因風而聞名的地方，大多是靠這兩招闖下的

「江山」！

　　新疆的吐魯番是中國最大的「風庫」，在蘭新鐵路沿線一帶，就有著名的百里風區。在這裡，風的破壞力極大，威震八方。每當起風暴時，人們紛紛躲避，不然就會被風刮起的利石打得鼻青臉腫。

　　在火車通過的短短的時間內，車廂外油漆會被風沙打掉，火車像被脫掉了一層皮，露出雪亮的金屬本色。甚至有時火車被大風所阻，寸步難行。

　　至於汽車，就更慘了！一不小心，就會被大風吹翻，特別危險。可所謂是「一川碎石大如鬥，隨風滿地亂石走」。據資料統計，這裡平均每年8級以上的大風天數多達72天以上，那只在海洋才有而陸地罕見的12級颶風，也曾在這裡發生過。這裡居住的人們還有出門帶「三寶」的說法，即水壺、風鏡和大棉襖。

　　這地方的風為何如此厲害呢？通常情況是由於空氣流體通過隘口地形，產生所謂的「狹管效應」所致。吐魯番是中國的「熱極」，盆地內部太陽輻射很強，乾旱少雨的土地上多沙石，這些沙石被太陽一曬，溫度上升得非常快，由此形成一個強低壓區，而在它的附近卻是一個冷高壓中心，氣壓差異大，空氣從高壓區向低壓區流動。

　　加上柏格達山與喀拉烏成山相接處的白楊河河谷，是一

個長達100多公里的大風口，於是就形成了一股迅速向盆地奔襲而來的強速氣流，這就是強烈的西北風暴，最大風速曾超過40米/秒。

　　類似這種在高山頂部，呈隘口地形的地方產生的大風，叫隘口（峽谷）大風。這種大風在新疆也是常見的，如新疆的阿拉山口，兩側分別是幾公里高的大山互相對峙著，狂風像一把鋒利無比的刻刀，把這裡的山岩雕刻得有棱有角；隘口附近正是艾比湖，因而也被譽為「風湖」。這裡平均每年8級以上的大風天氣多達166天，最大風速達70米/秒，創下了驚人的世界紀錄。

我猜你不知道

風的等級劃分

　　我們在看天氣預報時，經常會聽到這樣的說法：「今天風力2到3級。」那麼風的等級是怎樣劃分的呢？

　　我們可以把風力等級編成歌謠來記憶：零級無風炊煙上；一級軟風煙稍斜；二級輕風樹葉響；三級微風樹枝晃；四級和風灰塵起；五級清風水起波；六級強風大樹搖；七級疾風步難行；八級大風樹枝折；九級烈風煙囪毀；十級狂風樹根拔；十一級暴風陸罕見；十二級颶風浪滔天。

04 為什麼風調才能雨順

明代於謙在《喜雨行》中說道：「但願風調雨順民安業，我亦走馬看花歸帝京。」這首詩闡述了風調才可以雨順，雨順才可以民安業的簡單道理。但是，在近代的氣象科學還沒有建立起來的明代，於謙本人也不知道風調就會雨順的科學道理。

為什麼風調才能雨順呢？

中國是著名的季風氣候國家之一，夏季盛行東南風，冬季盛行西北風，春秋季則分別屬於從冬季風至夏季風與從夏季風至冬季風的過渡季節。通常的年景，5月，夏季風前哨到達南嶺山脈，6月中旬至7月中旬迂迴長江中下游的地區，7月底竄至華北、東北平原。假如夏季風根據這種正常的活動規律，一步步地向前推進，它在一個地區逗留的時間不長

也不短，不徘徊，也不跳躍，這也就是所謂的「風調」了。雨帶的活動與季風前哨是息息相關的。季風前哨從南向北循序地移動，季風雨帶隨之由南向北循序地移動。也就是說，夏季風前哨到哪裡，哪裡的雨季便開始了。

在農業上，這時的華南、長江中下游、華北、東北等地區大田裡的作物正是大量需要雨水的時候，雨水就源源而來，滋潤了作物的生長，對農業生產自然也有許多的好處；且作物不太需要雨水的時候，季風的活動就已過去了，雨水減少了，陽光增加了，這就是「雨順」。

假如季風的活動不正常，在一個地區停留過久，或者一躍而過，那就是風不調、雨不順了。例如，1954年6、7月，夏季風前哨在長江中下游停了下來，和它相關聯的雨帶，來來往往，徘徊在長江流域長達2個月之久，因而引起了一場大澇災，促使長江沿岸4755萬畝農田被淹，1800萬人受災，13萬人死亡。

在1978年，夏季風前哨一躍而過長江中下游地區，因而出現了「空黃梅」，使「梅子熟時日日雨」變成了「梅子熟時日日晴」。

那一年是歷史上最嚴重的乾旱年份，尤其是安徽省出現了從未遇過的大旱，全省有18個縣受旱災的影響，大型的水庫也沒有水可以放，皖南山區的毛竹也乾得點火即燃，有一

些縣連野兔與烏龜也乾死在路旁，於是造成了風不調，雨不順，農業歉收，民不安業的景象。

我猜你不知道

「梅雨」，「黴雨」

　　每年6月中旬，東亞季風推進到江淮流域。此時，在湖北宜昌以東28°～34°N之間出現連陰雨天氣，雨量很大。由於這一時期江南的梅子熟了，人們稱之為「梅雨」。此時空氣濕度較大，東西極易發黴，也有人稱之為「黴雨」。

　　梅雨期間，在江淮流域通常維持一個准靜止的鋒面，稱為梅雨鋒，梅雨鋒的東段可伸展到日本。國際上一般把中國整個東部地區夏季降水稱為梅雨。

多姿多彩的雲

天空中的雲總是多姿多彩、千變萬化,有的像羽毛,有的像水面的鱗波,還有的像草原上雪白的羊群。雲究竟是怎樣形成的呢?它神奇演變的奧祕是什麼呢?

海洋、湖泊、河流、植物表面以及土壤裡的水分蒸發到空氣裡,就會形成水汽。在水汽進入底層大氣以後,就會變成濕熱的空氣,這些濕熱的空氣在上升的過程中溫度會逐漸降低。等上升到一定高度時,空氣中的水汽就會達到飽和,如果這時空氣繼續被抬升,就會形成多餘的水汽。若此時環境溫度高於0°C,多餘的水汽就會凝結成小水滴;若溫度低於0°C,那麼多餘的水汽就會凝化為小冰晶。當這些小水滴和小冰晶逐漸增多到肉眼能辨認的程度時,就是我們所看到的雲了。

　　根據雲所在高度的不同，氣象學家把雲分為高雲、中雲和低雲。其中，高雲包括卷雲、卷積雲和捲層雲；中雲包括高積雲和高層雲；低雲族則包括層積雲、層雲、雨層雲、積雲和積雨雲。

　　雲不僅變化多端，而且非常奇妙，我們可以看雲識天氣。不同的雲狀常伴隨著不同的天氣，因而可以用雲來作為未來天氣變化的指示。例如在夏天，如果早晨見到濃積雲，那麼很可能在正午或午後會有降雨；如果在傍晚出現層積雲，那麼就說明很可能會連續出現晴天。一般來說，天空的薄雲往往是天氣晴朗的象徵；而那些低而厚密的雲層，則常常是陰雨風雪的預兆。

我猜你不知道

根據雲的光彩識天氣

　　除了按照雲的形態種類預測天氣之外，我們還可以根據雲上的光彩現象來預測天氣情況。

　　在太陽和月亮的周圍，有時會出現一種美麗的七彩光圈，裡層是紅色的，外層是紫色的，這種光圈叫做暈。日暈和月暈常常產生在捲層雲上，捲層雲後面的大片高層雲和雨層雲，是大風雨的徵兆，所以自古就有「日暈三更雨，月暈

午時風」的說法。

　　另外，有一種彩色光環，它沒有暈那麼大，顏色排列剛好和暈相反，是裡紫外紅，這種光環叫做「華」。日華和月華大多產生在高積雲的邊緣部分，華環由小變大，天氣趨向晴好；華環由大變小，天氣可能轉為陰雨。

　　夏天，雨過天晴，太陽對面的雲幕上，常會掛上一條彩色的圓弧，這就是虹。人們常說：「東虹轟隆西虹雨。」意思是說，虹在東方，就有雷無雨；虹在西方，將有大雨。

　　此外，還有一種雲彩常出現在清晨或傍晚。太陽照到天空，使雲層變成紅色，這種雲彩叫做霞。朝霞在西，表明陰雨天氣在向我們進襲；晚霞在東，表示最近幾天天氣晴朗，所以有「朝霞不出門，晚霞行千里」的諺語。

06 雷電的奧祕

雷電是夏季最常見的一種天氣現象，那你知道雷電是怎樣形成的嗎？

在人類還沒有揭開雷電的奧祕之前，中國古代民間就流傳著「雷公」和「電母」的神話，認為雷電是雷公和電母製造出來的。西方人則相信雷電是上帝發怒的結果，上帝用雷電來懲罰做壞事的人。

第一個真正揭開雷電奧祕的人是美國科學家富蘭克林，他透過風箏實驗證明了雷電是大自然的放電現象。

後來，人們經過多次實驗，進一步揭示了雷電產生的原因。當天空中有積雨雲時，常伴有雷電現象。積雨雲，俗稱雷雨雲，其內部有著翻騰不息的氣流，在氣流作用下，雲內大量的冰晶、水汽發生激烈碰撞或摩擦，從而產生正負電荷。

　　當聚集的電量足夠大時，電荷中心就會發生擊穿放電而產生火花的放電現象，並發出巨大的響聲，這就是雷電。

　　雷電在短時間內可以產生巨大的破壞作用，它能擊毀房屋、劈倒樹木、毀壞供電設施和各種家用電器，引起火災，甚至還可能造成人員傷亡。

我猜你不知道

室外防雷的辦法

　　夏季在室外我們難免會遇到雷電天氣，那麼我們應當如何安全防雷呢？

　　當雷電天氣發生時，我們應迅速躲入有防雷裝置保護的建築物內，例如汽車裡。要特別注意遠離樹木、電線杆、煙囪等尖聳、孤立的物體，更不能進入孤立的棚屋、崗亭等低矮建築物裡。

　　此外，還應遠離輸配電線、架空電話線纜等，儘量避開那些特別容易受到雷擊的小塊區域，比如岩石斷層處、較大的岩體裂縫、埋藏的管道的地面出口處，等等。

　　遇到頭頂電閃雷鳴（俗稱「炸雷」）時，如果找不到合適的避雷場所，則應找一塊地勢低的地方，儘量降低重心和減少人體與地面的接觸面積，可蹲下，雙腳併攏，手放膝

上，身體向前屈，千萬不要躺在地上。

　　在蹲下避雷時，最好是將身上金屬物摘下，放在幾米距離之外，尤其要將戴的金屬框眼鏡拿下來。如能披上雨衣，防雷效果更好。需要注意的是不要多人集中在一起，或者牽著手靠在一起。

07 一場海戰的教訓

17世紀以前，人們藉由「看雲識天氣」的常識來觀測天氣；後來，隨著溫度計和氣壓計等氣象觀測儀器的問世，人們逐漸建立了地面氣象站，這時主要根據氣壓、氣溫、風、雲等要素的變化來預報天氣。

如今，我們習慣透過天氣預報來提前瞭解未來一兩天的天氣情況，那你知道天氣預報是如何做出來的嗎？它最初又是怎麼來的呢？

天氣預報最早來源於19世紀的一場海戰。

1854年11月14日，英國和法國正在與沙皇俄國作戰。當英法聯軍的艦隊在黑海上向俄軍發起進攻時，突然出現了暴風雨，進攻計劃被狂風惡浪摧毀，英法聯軍因此損失慘重。法國皇帝拿破崙三世命令巴黎天文台調查這場暴風

雨的起因。

　　天文學家勒威耶搜集了有關的氣象資料，發現罪魁禍首是一個低氣壓，這個低氣壓最早在歐洲西部的大洋中活動，隨後轉移到東南方向，行至黑海時釀成這次災難。

　　後來，勒威耶提議建一個氣象觀測網，將可能發生的天氣情況通知前線，起到預報天氣的作用，這便是最早的天氣預報。

　　要進行天氣預報，首先要搜集各種氣象資料。每一天，各地氣象站都會進行常規觀測，記錄下各種氣象資訊，高空探測網會將對流層與平流層的變化資訊傳遞回來，氣象衛星則會給地球拍攝一張衛星雲圖，再加上天氣雷達收集到的資料，這些就是氣象中心製作天氣預報的原材料。

　　有了原材料後，氣象中心就會據此製作天氣圖。天氣圖上有各式各樣的天氣符號，每一種符號都代表一種天氣，所有符號都按統一規定的格式填寫在各自的地理位置上。有了這些天氣圖，預報人員就可以進一步分析和整理，進而準確地做出天氣預報。

我猜你不知道

氣壓

　　氣壓就是作用在單位面積上的大氣壓力，即等於單位面積上向上延伸到大氣上界的垂直空氣柱的重量。

　　氣壓的空間分佈及時間上的變化，是與氣流流場情況及天氣變化緊密聯繫的，所以它是天氣分析的主要依據之一。

08
奇妙的閃電攝影

　　下課後，班上的兩個地理謎小欣和小敏，又開始大談特談他們的地理見聞了，小欣故作神祕地對大家說：「你們知道嗎？除了照相機外，天空中的閃電也會攝影。有時人在閃電過後身體的某個部位被印上某種圖像。在身體上印上圖像的人有的已被雷劈死，有的卻沒被劈到而活著。」

　　「竟有這樣的事，真是太神奇了！是真的嗎？」圍觀的同學們都大吃一驚並且又感到懷疑。

　　「哈哈，這可是真的，要不你們看。」沾沾自喜的小欣，馬上拿出一張列印的紙拿給大家看。「這是我上週末在網上看到的，怕你們不相信，我還列印出來了，上面還標有具體的網站呢！」

　　聽他這麼一說，同學們都爭著看那紙上的內容。只見紙上寫著：「1892年7月19日那天，在美國賓夕法尼亞州，兩位黑人在海倫公園樹下避雨時被突如其來的雷擊斃。當人們從這兩位死者的身上脫下衣服時，卻出現了一個令人震驚的現象：死者前胸留下了閃電發生地點一個角落的自然景色，上邊還有一片發乾的略帶棕色的橡樹葉以及藏在青草中的羊齒草，其清晰程度是當時的照相機所不及的。」

　　「1896年6月17日那天，法國南部有兩名工人在避雨時被雷擊斃。第二天，這次閃電使其中一男子的皮鞋裂開，還撕破了其褲子。更奇怪的是，閃電好像是一位高明的攝影師，它在死者手臂上逼真地印出了一幅松樹、楊樹及此人錶帶的『照片』。」

　　「哇！是真的呀，真是太神奇了！」同學們都大呼起來。

　　這時，小敏似乎感覺有些不太服氣了，他馬上大聲說道：「這個我也知道，並且我還知道，在奧地利，有一位醫生下班回家後，發現錢包被人偷了。他的錢包是用玳瑁製成的，上面用不銹鋼鑲著名字的縮寫，兩個互相叉著的『D』字。就在那天晚上，這位醫生被人請去搶救一個被雷電擊中的外國人，那人躺在樹下，已經奄奄一息了。他在搶救那人時發現那人的大腿上清晰地印有同他錢包上一模一樣的兩個『D』字。就在那時，他從這個外國人的衣服口袋裡找到了

自己消失的錢包，原來這個人就是偷他錢包的小偷。」

「真是太有趣了，小敏，你也很厲害，我們都服了你們倆了。以後多給我們講講這些趣事嘛！但是，你們知道這閃電攝影形成的原因到底是什麼？它又是怎樣攝影的呢？」一個同學問道。

「嗯，關於這個問題嘛，我也查過資料，資料上說，有關這方面的問題還沒有一個滿意的答案。有人從地球是一個大磁場這一事實出發來探索閃電攝影的形成原因，推測在磁場強度較大的環境裡，在適宜的溫度、濕度條件下，大自然能夠以某種未知的機理，儲存人物和動物的形象，在同樣的條件下，像錄影機一樣重新放出來。

大部分科學認為，它的形成肯定與雷電時的高壓放電、大氣等離子的形成及濕度和溫度等因素有關。但這中間是否還有磁場參與作用、存貯介質等都有待科學家們進一步探討與證實。」

「原來還沒有一個確切的答案啊！哈哈，也許我們的小欣和小敏這兩個地理學家不久就會給我們一個滿意的答案了！」聽大家這麼一說，小欣和小敏兩人心裡都樂滋滋的。

我猜你不知道

閃電和雷是同事發生的嗎

回想一下，每次電閃雷鳴的時候，你是先看到閃電還是先聽到雷聲呢？

閃電和打雷是同時發生的，不過光在空氣裡差不多每秒要走30萬公里，而聲音在空氣中每秒僅能走0.34公里。光從閃電發生地傳到地面的時間一般不過幾十萬分之一秒，而聲音跑同樣的距離則需要比較長的時間。因此，當雷雨天氣出現時，我們一般是看到閃電，後聽見打雷的聲音。

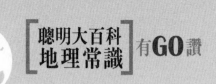

09

五彩雪花趣事

美美是一個愛雪的女孩子，只要一下雪她就會在雪地上玩得不亦樂乎。哪怕是自己一個人，她也能在雪地上自娛自樂。這不，天又下雪了，她又像以前那樣，蹦蹦跳跳地來到屋外。

屋外簡直是熱鬧極了，很多小朋友都在堆雪人。美美走到他們那兒，只見他們正用紅墨水在點雪人的鼻子。於是美美想：「要是雪有五顏六色的那該有多好啊！那我們可以堆出一個個顏色不同的雪人了。」

回到家後，她把自己的想法告訴了爸爸。爸爸笑了一笑說：「妳完全有機會堆出這樣的雪人。妳知道嗎？世界上除了白色的雪外，還有別的不同顏色的雪。不信你來看看。」

緊接著，爸爸就打開一本書給美美看。

　　看後，美美不禁感嘆道：「哇！真是太有趣了！」因為書上這樣寫著：1969年12月24日，北歐斯堪的納維亞半島上的瓦騰湖附近下起了雪。到了傍晚，雪越下越稠，顏色也不像白的了。因為是晚上，沒有引起人們的注意。可是當地居民們早上起床後向外一望，不由得吃驚地吐出舌頭，他們看到的竟是一片黑雪，非常油膩，就像糖炒栗子鍋裡炒黑了的沙子似的，黏在衣服上，把衣服都染髒了。瑞典首都斯德哥爾摩生態中心的科學家們聞訊後趕到現場調查，發現雪裡包含有許多工業污染物質，其中有大量殺蟲劑。

　　除黑色的雪外，天空還下過其他顏色的雪。

　　100多年前，北冰洋上的斯匹次貝根島上曾下過綠雪。兩位科學家看到該島像披上了綠裝，遠遠望去，就像一塊綠地毯蓋在了上面，濃綠欲滴，美麗異常。據科學家分析，這是海水裡的綠色藻類被風吹到天空後與雪片混合在一起降到地面而形成的。

　　1980年5月2日晚，蒙古肯特巴省境內降了一場紅色的雪。經化驗表明：每立升紅雪雪水中含有礦物質148種，其中有未被溶解的錳、鈦、鋅、鉻和銀等化學元素。原來這是由於紅色的礦物質微粒被狂風捲到高空，成了雪花的凝結核所引起的。

　　在歐洲阿爾卑斯山，不但下過紅雪、綠雪，還下過罕見

的紫色雪。當時紫色霞光映照藍天，美麗的山峰更增添了迷人的魅力。據說那是生長在池塘、水沼的死水中的一種紫色細菌被龍捲風連水一起捲入空中，黏附在雪片上然後降落下來所致。

中國天山東段和阿爾泰山上，有時飄落下來的雪花是帶著黃顏色的。雪花之所以變成黃色，是因為它們身上夾雜著從沙漠裡卷揚起來的黃色沙塵的緣故。歐洲阿爾卑斯山上，也下過黃雪。撒哈拉大沙漠的黃塵，從空中越過地中海，把那裡的雪花染黃了。

我猜你不知道

雪花的形狀

雪花大都是六角形的，這是因為雪花屬於六方晶系。雲中雪花「胚胎」的小冰晶，主要有兩種形狀：一種呈六棱體狀，長而細，叫柱晶，但有時它的兩端是尖的，樣子像一根針，叫針晶。另一種則呈六角形的薄片狀，就像從六棱鉛筆上切下來的薄片那樣，叫片晶。

10 神祕的球形閃電

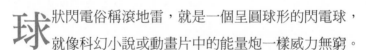

球狀閃電俗稱滾地雷，就是一個呈圓球形的閃電球，就像科幻小說或動畫片中的能量炮一樣威力無窮。

球狀閃電通常都在雷暴之下發生，它十分光亮，略呈圓球形，直徑大約是20～50cm。通常它只會維持數秒，但也有維持了1～2分鐘的紀錄。更神奇的是它可以在空氣中獨立而緩慢地移動。

有少數目擊者說它會隨著金屬物品走，例如電話線，但多數人都說它的路徑不定。絕大部分目擊者都說它是橫向移動的。在它短短幾秒的生命中，它的光度、形狀和大小都保持不變。

這種閃電出現的十分少，很多人只能透過目擊者的紀錄來瞭解這種閃電現象。

　　19世紀法國著名的學者弗拉馬裡翁紀錄了他看到球狀閃電的情景：有一次，他見到一個球狀閃電闖進了他家一個房間的壁爐裡，隨後又滾到地板上，它好像一隻蜷伏成團的閃光「小貓」滾到屋主人的腳邊，似乎要和他玩耍一般。驚慌失措的他，害怕得往後退縮，火球卻如玩魔術般地跟著他走，並升到他臉部附近的空間。

　　他竭盡可能地把頭側向一旁，火球便發出劈啪聲飛上了天花板，進而轉向房屋的煙筒口飛去。這洞當時是用紙糊著的，火球從容地穿過了紙層，鑽進了煙囪。突然，響起了震耳欲聾的爆炸聲，之後便消失了，煙囪也隨即倒塌，屋子裡到處都是散落的煙囪的碎片。

　　1956年夏的一個正午，在前蘇聯的某農莊，有兩個孩子在牛棚的屋簷下避雨。這時雷鳴電閃，忽然天空中飄下了一個橘紅色的火球，首先在一棵大樹頂上跳來跳去，最後落到地面，滾向牛棚。

　　火球好像燒紅了的鋼水似的，不斷冒著火星。兩個小孩嚇得一動也不敢動。當火球滾到他們腳前時，年紀較小的一個，還很不懂事，他忍不住用力猛踢了火球一腳，轟隆一聲，奇怪的火球爆炸了，兩個小孩當即被震倒在地，但兩人都沒有受傷，可牛棚裡的12條牛卻只有1條倖存，且並未受傷。

　　1981年的一天，一架「伊爾—18」客機從黑海之濱的索

契市出發。當時天氣很好，雷雨雲遠離飛行線40公里。當飛機升到1200米高空時，一個直徑約為10公分的大火球──球形閃電，突然闖入飛機駕駛艙，在發生了震耳欲聾的爆炸後隨即消失。可是幾秒鐘後，閃電卻令人難以置信地通過密封金屬艙壁，在乘客座艙內重新出現。

它從亂作一團的乘客頭上緩慢地飄過，到達後艙時，又猛地裂成兩個光亮的半月形，隨後又合併在一起，發出不大的聲響後離開了飛機。

駕駛員立即讓飛機著陸作安全檢查，結果發現在球形閃電進入和離開的地方──飛機頭外殼板和尾部各有一個大窟窿，但飛機內壁沒有任何損傷，乘客也沒有受到任何傷害。

到底什麼是不可思議的球狀閃電？多少年來，科學界都認為球狀閃電是子虛烏有的現象，直到最近幾十年才承認它的真實性。但對球狀閃電，還需要進行更多的研究，才能揭開它的真實面目。

樹形閃電

　　自然界中還存在著比球形閃電更奇特的樹形閃電。1989年8月27日凌晨四點，四川南川縣金佛山水電廠的總指揮胡德厚發現，離他不遠的一個山坳異常明亮，光亮呈扇形，頂部彷彿一瓣一瓣的，特別像蓮花，估計高約四五丈；顏色白中略帶紅色，下部明亮，頂部較淡；光亮度比汽車前燈還要強得多，但光亮朝天空散射，照射不開，四周依然黑暗。隨著一聲巨大的雷響，閃電中，只見光亮中間好似一株傘形的樹，青枝綠葉，奇美異常。

11 天降「動物雨」

　　一個星期天的飯後，玲玲正準備出門和爸爸到圖書城買書，可不巧的是，天突然下起了大雨。

　　這令玲玲十分不高興，她對爸爸說：「我討厭下雨！」

　　聽她這麼一說，爸爸就知道她心情肯定很差，於是他對玲玲說：「玲玲，妳知道嗎？天上還會下動物雨呢！有沒有興趣瞭解一下呢？」

　　「怎麼可能呢？我怎麼沒見到過呢？」玲玲對爸爸的話感到十分的懷疑。

　　「不相信的話，我們一起來上網查看看！」

　　說完，爸爸就和玲玲走進書房打開電腦上網一查。果然，在網頁上玲玲看到了這樣的內容：

　　「1687年，在巴爾蒂克海東岸的麥默爾城下起了一場奇

怪的雨，大片大片的黑色的纖維狀物質落在剛落滿白雪的地上。它們的氣味像潮濕腐爛的海藻，撕起來就像紙一樣，待它們乾透以後，就沒有氣味了。一部分絮片被保留了150年，後來，經過化驗發現其中含有部分蔬菜一樣的物質，主要是綠色絲狀海藻，還含有29種纖毛蟲。

1794年，法國的一個小村莊突然下起一場大暴雨，令人吃驚的是，接著開始有大量的蟾蜍從天而降，牠們的個頭很小，只有榛子那麼大，蹦得滿地都是。

人們都不相信這無數的蟾蜍是隨著雨水降下來的。他們展開手帕，撐起舉過頭頂，果然接到了許多小蟾蜍，許多還帶著小尾巴，像蝌蚪一樣。

在半小時的暴雨當中，人們明顯感覺到一股由蟾蜍帶來的風吹向他們的帽子和衣服。

在中國也發生過類似的現象。1988年5月1日下午，河南省桐柏縣彭莊村忽然刮起7級大風，半小時後，發現在一個小山坳裡隨雨落下許多黑褐色的小蟾蜍。

最稠密的地方每平方米有90隻至110隻，雨後這些小動物紛紛向附近池塘蹦去。

除了這令人吃驚的蟾蜍雨外，天空還下過青蛙雨。1814年8月的一個星期天，在經過長時間的乾旱和炎熱之後，離阿門斯1.6公里遠的弗雷蒙村於下午3點30分下起了暴雨。暴

雨過後刮起的大風使附近的教堂都搖晃起來，嚇壞了教堂裡的信徒。

在橫穿教堂與神父宅邸間的廣場時，信徒們渾身上下都被雨打濕了，更令人驚訝的是，他們的身上、衣服上到處都爬滿了小青蛙，地面上也有許多的小青蛙到處亂跳。

除此之外，天空也還下過魚雨。

1859年2月9日11點，英國格拉摩根郡下了一陣大雨，雨中夾雜著許多小魚。

1861年2月16日，新加坡島發生了一場地震，地震過後連續下了3天暴雨。過了3天，地面上的雨水都乾了，卻發現在乾裂的水窪中有大量的死魚。

生物學家將這些小動物拿來檢驗，辨別出是鯰魚。這種魚生活在新加坡島淡水湖泊、河流中，在馬來半島蘇門答臘等地也會見到。

1949年10月20日早晨，在美國路易斯安那州馬克斯維也下過一次魚雨，生物學家巴伊科夫還親自收集了一大瓶標本。」

「真是不可思議啊！」看完後，玲玲深深感嘆道。

我 猜你不知道

稀奇古怪的雨

　　自然界中除下動物雨外，也還會下許多稀奇古怪的雨，如「錢幣雨」、「蘋果雨」等等，其發生原因一般是狂風把別處的錢幣或者蘋果等物品一起捲入天空，然後飄到其他地區上空降落下來。

12 海市蜃樓的玩笑

在一個平常的日子裡，德國北海庫克斯港平靜無風，在街上玩耍的一個男童，奔回家裡激動地對母親大聲說：「媽，天上掉下一個島來！」

媽媽聽了不禁啞然失笑，等她向窗外一看，臉上的笑容頓然消失，因為就在她的眼前，近岸的黑爾戈蘭島倒掛空中。沿島的紅岩懸崖絕不會錯認，岸上的沙丘和每個細節全都清晰可見。那個島就像天上有雙巨手把它倒懸在半空中，似乎隨時都可能墜毀。

黑爾戈蘭島當然沒有墜下，那是海市蜃樓。傍晚時分，空中的幻象消失不見，孩子的恐懼也消除了。

黑爾戈蘭島的幻象，偶爾也在庫克斯港上空出現，那只是使人驚異的大氣現象之一。

北極區也有這幻象，曾愚弄人類前後將近一百年。

1818年，蘇格蘭探險家約翰‧羅斯爵士從英國出發到北極去找那條不明確的「西北航道」，據說是一條沿北美北岸連接大西洋與太平洋的水道。

羅斯進了加拿大巴芬島以北的陌生水域。一天早晨，他在甲板上看見前面有大山擋住去路，以為是駛進了死巷，於是掉轉船頭回航，並報導說根本就沒有西北航道。

大約一百年後，美國北極探險家皮里也說北極有一條未畫入地圖的大山脈。他說：「我們看到了那些大山，稱之為克拉寇蘭山。」

北極這條神祕的大山脈，引起了當時世人的興趣。許多冒險家和探險家紛紛前往北極，可是誰也找不到大山。最後，紐約市美國博物院捐出三十萬美元，派了一個科學考察團進入該區。考察團團長麥米倫成了當時全世界報紙上的風頭人物。

不過，在皮里看到大山的地方，麥米倫看到的只是一片冰天雪地。後來克拉寇蘭山真的出現了，不過很奇怪，這些大山坐落的地點，在皮里所說的地方以西約200英里。

麥米倫在浮冰之間航行，到實在無法再前進時才停船拋錨，帶著一隊仔細挑選的隊員在冰上徒步前進。

可是，他們向山行進時，山卻向後退，他們止步，山跟

著停止後退。他們再向前走，山又後退，那些冰峰雪地在北極的陽光中，好像在向他們招手，陰暗的山谷裡看來很可能有豐富的礦藏。

他們繼續前進，最後進入了一個三面環山的低谷，成功已在眼前。可是等太陽落到地平線下，周圍的高山和丘陵像變戲法似的，都消失了蹤影。

他們嚇得目瞪口呆，只能靜悄悄地看著現實的環境。他們身在一片廣闊無際的冰原上，四面全是冰，極目所及都是冰。眼前沒有小山，更無大山。

麥米倫一行人站在北極地區黃昏時分淡綠色的微光裡，大自然讓他們上了一次當。

海市蜃樓是什麼？

自古以來，蜃景就為世人所關注。

在西方神話中，蜃景被描繪成魔鬼的化身，是死亡和不幸的凶兆。中國古代則把蜃景看成是仙境，秦始皇、漢武帝曾率人前往蓬萊尋訪仙境，還屢次派人去蓬萊尋求靈丹妙藥。

現代科學已經對大多數蜃景做出了正確解釋，認為蜃景是地球上物體反射的光經大氣折射而形成的虛像，所謂蜃景

就是光學幻景。

　　海市蜃樓不一定都是物體的真實形狀。可能是放大的像，可能是縮小的像，也可能是變形的像，就如在哈哈鏡前看到的歪曲形狀，變形的程度隨光線折射的空氣層之位置和成分而異。

大自然的惡作劇——
不可思議的地理奇觀

 神祕的「狗死洞」

　　一天，一位來自異國他鄉的旅遊者來到那不勒斯城附近的郊區，當他在山坡上準備休息時，發現前面有一個山洞，看樣子好像沒有人來過。在好奇心驅使下，他顧不得休息，便牽著狗進了山洞。

　　在昏暗的光線中，這個旅遊者看到洞內怪石林立，洞頂倒懸著大大小小的鐘乳石，地上石筍崢嶸，岩石裂縫中還不斷地冒著氣泡。

　　「真是個美妙的仙境啊！」他情不自禁地發出這樣的感嘆。同時，他又想：有這麼好的地方，當地人為什麼不把它開闢成新的旅遊景點呢？

　　當他正在興致勃勃地觀察時，手中牽著的狗卻突然狂吠不止，而且拚命掙扎，想掙脫繩子往外跑。他以為是狗發現

了什麼東西，便劃燃火柴，低頭彎腰仔細察看地面，但剛一彎腰火柴就熄滅了，一連劃了幾根都是如此。與此同時，他也感到胸悶、呼吸困難，嚇得他趕緊牽著狗跑出山洞。

難道洞內有什麼怪物嗎？還是有什麼毒氣呢？為了弄個清楚，他就到離這個山洞最近的村莊去打聽。村民們告訴他這個山洞他們早就知道，以前有人進去過，但後來就沒有人敢進去了，因為他們養的狗進了這個洞，很少有生還的。

後來人們大著膽子進去尋找，發現狗僵死在地上，身上卻毫無傷痕。於是，請人來調查，結果也不了了之。因此他們便稱這個洞為「狗死洞」。儘管裡面怪石林立，但大家都不願再進去玩。

這個旅遊者聽了覺得不甚滿意，但村民的這些話卻引起了他的思索：狗死無傷，可以肯定不是被什麼怪物咬死的。但為什麼他牽的狗要掙扎著往外跑呢？這其間的原因究竟在哪裡呢？他實在是困惑不解。

後來，他想起洞內有鐘乳石和石筍，那麼，就可以肯定這是個石灰岩的溶洞。石灰岩（主要成分是碳酸鈣）遇到地下水，會分解出二氧化碳，從山洞的岩石縫中冒出來的氣泡，就是二氧化碳氣體。

二氧化碳比空氣重，聚集在山洞底部，狗比人矮，就處於二氧化碳氣體的包圍之中，時間一長當然會窒息而死；而

人彎腰低頭也會感到呼吸困難，火柴會自行熄滅。

可怕的動物墓場

　　義大利那不勒斯和瓦維爾諾附近有個死亡谷，它專奪取動物的生命，對人體卻無損，被稱為「動物的墓場」。據統計，每年在此死於非命的動物多達3萬多隻。

　　印尼爪窪島上地有個奇異的死亡谷，它由6個巨大的山洞組成，只要人和動物靠近山洞，就會被一股無形的力量吸入洞口，眼睜睜丟掉性命。

02 村莊暗施「迷魂陣」

　　某天，一個人聽說在山東黃河岸邊陽谷縣城北6公里的地方，有一個奇特的小村子。說它奇特，在那兒還流傳著一句這樣的順口溜：「迷魂陣真稀奇，十人進村九人迷。」

　　「真的有這麼神奇嗎？我得去看看！」

　　後來，這個人果然來到這裡，他走進那被稱之為小迷魂陣的村，他沿著村內狹窄的街道前進，總覺得方向隨時間在變，很難分清東西南北，以致在時間和空間上都發生了錯覺。就在這時，他想走出村子，可這已經變得非常困難，他越是在那行動，就越是感覺更難走出村子。最後，他徹底迷失在裡面了。

　　他發現在村子裡，即使沿街巷前行，也很難把握住前進

的方向，走了大半天，卻總是走回老地方。

　　他還發現，在這裡乙太陽推算時間，也會產生幾個小時的誤差。在前迷魂陣，他把上午10點的太陽當成正午12點；而在後迷魂陣，他則把正午12點當成下午4點。這段入村的經歷和發現，他事後想想還真感覺有些後怕。為什麼會這樣呢？他問過許多人，大家都一籌莫展。

　　後來，經過有關專家介紹他才知道，原來小迷魂陣村的房舍由東西兩部分並列組成，東半部分叫「前迷魂陣」，西半部分叫「後迷魂陣」。

　　但是外人進入前迷魂陣時，多感到後迷魂陣是在北面，而進入後迷魂陣時，又會感到前迷魂陣在北面。

　　沿著村內的街道行進時，感到方向隨時在變化，以致難辨東西南北。

　　在村裡，若按習慣乙太陽的方位測定時間，時間感也會差幾個小時，就象他那時推算的時間一樣。

　　人在村中的這許多奇怪的感覺，都是由房屋的傳統佈局造成的。村莊的整體佈局呈新月形，而兩條主要街道呈弧形，由東北起至西北終。這樣排列的一條街道上的各家大門，實際上方向各有不同，大家卻一律稱正房為北屋，一切迷亂皆由此生出。

　　奇怪的是，數百年間，數十代人，家家蓋新房都自覺地

遵從前人留下的房屋排列的規律，村中卻從來沒有對此做出這樣或那樣的規定。

那麼，迷魂陣村的街道為什麼要保持這樣的格局呢？至今無人能做出恰當的解釋，只有一個代代相傳的故事在流傳：說是戰國時，鬼谷子曾在這裡教他的學生孫臏與龐涓演習陣法，村中的建築格局是模仿當時陣法建造的。村中至今還有一座孫臏廟。這個傳說故事更增加了神祕感。

除了陽谷縣以外，山東黃河邊鄆城、鄄城二縣，也有幾處村莊都蒙罩著這樣的神祕色彩，也都被人稱為「迷魂陣」。

但陽谷縣的小迷魂陣村特點最為突出。鄄城的孫花園村、鄆城的水堡集也都是「迷魂陣」的佈局，也都有類似的孫臏演陣的傳說。

現在這三個縣的幾處村莊常有人參觀，陽谷縣的小迷魂陣村還正式開放為旅遊景點。但村莊形成的真正原因至今還是一個謎。

名人小檔案

孫臏

孫臏，生卒年不詳，中國戰國時期軍事家，兵家代表人物。漢族，孫臏生於阿、鄄之間（今山東省陽谷縣阿城鎮、菏澤市鄄城縣北一帶）。是孫武的後代。

孫臏曾與龐涓為同窗，因受龐涓迫害遭受臏刑（挖去膝蓋），身體殘疾，後在齊國使者的幫助下投奔齊國，被齊威王任命為軍師，輔佐齊國大將田忌兩次擊敗龐涓，取得了桂陵之戰和馬陵之戰的勝利，奠定了齊國的霸業。

人體自焚火炬島

聽說在加拿大北部的帕爾斯奇湖北邊，有一個僅1平方米的小島，當地人視之為火炬島。

人只要踏上小島，就會無緣無故自焚起來。於是，1984年的一天，加拿大普森量理工大學的伊爾福德組織了一個考察組，在火炬島附近進行調查。之前，他們進行了分析，認為火炬島上的人體焚燒之謎，是一種電學或光學現象。這一觀點即遭到考察組的另一位專家哈皮瓦利教授的反對：既然如此，小島上為什麼會生長著青蔥的樹木？並且，在探測中還發現有飛禽走獸。哈皮瓦利認為：可能是島上某些地段存在某種易燃物質，當人進入該地段後，便會著火燃燒。

正因為他們都認為這種自焚現象是由某種外部因素引起的，為了安全起見，他們就都穿上了用特別的絕緣耐高溫材

料做成的服裝,來到了火炬島上。上島之後,他們並沒有發現什麼怪異的地方。然而,就在兩個小時的考察即將結束時,考察組成員萊克夫人突然說她心裡發熱,一會兒又嚷腹部發燒。聽她這麼一說,全組的人都有幾分驚慌。伊爾福德立即叫大家迅速從原路撤回。

隊伍剛剛往後撤,可走在最前面的萊克夫人卻忽然驚叫起來。他們尋聲望去,只見陣陣煙霧從萊克夫人的口鼻中噴出來。待焚燒結束後,那套耐火服裝居然完好無損,而萊克夫人的軀體已化為焦炭。

後來,伊爾福德教授回憶此事說:「萊克夫人一開始就走在隊伍的最前面,我們並沒有發現任何異常,那時的燃燒是漸漸發生的。當時,那套耐高溫衣服完好無損,而萊克夫人卻化為灰燼。」

加拿大物理學院的布魯斯特教授認為,當時的自燃現像是由於人體內部的原因造成的。但伊爾福德則還是持反對意見,他堅持認為這應是外部原因所致。

自1984年到1992年,共有6個考察隊前往火炬島,每次都有人喪生。於是,當地政府就嚴禁任何人再次踏入火炬島。雖然人們對這個神祕而又恐怖的小島充滿著無限的好奇,但誰也無法解開其間的謎團。

「人體自焚」原因成謎

一個好端端的人，竟會無緣無故由體內燃起大火，頃刻間即化為灰燼，這種奇異的「人體自焚」現象，至今仍是未解之謎。

據說全世界有記載的人體自焚現象已達220多例，男女均有，年齡最小的4個月、最大的114歲。是什麼原因造成人體自焚？科學界對此眾說紛紜，莫衷一是。

有的認為是虛假報導；有的認為是某種天然的「電流體」造成了體內可燃物質燃燒，而「電流體」為何物，不得而知；也有人認為是這些人體內磷質累積過多的結果；還有一種理解是「球形閃電」導致的，等等。

04 神祕的「魔力漩渦」

　　有一位森林探險家聽說，在美國俄勒岡的一片森林中存在著一個被人們稱為「漩渦」的地方。一座特別古舊的木屋，方圓50米之內沒有動物敢貿然靠近，任何人只要往木屋裡一走，立刻就會感覺到好像有一股巨大的吸引力把他往裡邊拉，身體發生扭曲變形，就好像有一股巨大的漩渦一樣。

　　這位探險家感到十分好奇，於是某一天，他進入這片森林中，剛一進去他就驚奇地發現，所有的樹木都奇怪地向著森林中心傾斜。森林中心高高的樹叢中間圍著一片草地，樹叢的樹葉都不往高處生長。草地所在處是一片低低的山丘，距頂端約10米有一座古老的木屋。

　　據當地人說，這座古老的木屋是古時淘金人住的房子，

小房原來建在山丘的頂端，不知何時移動了。淘金人原來一直在這間小木房裡秤沙金，但到1890年以後，秤卻出現了錯亂，隨後小木房就廢棄不用了。自此小木房也就變得越加神祕起來。

這位探險者一踏進房子，頓時感覺到身子好像被無形的繩索提拽著要向前傾倒，這斜度估計有10度左右。如他要想往後退，離開那座小屋，就會覺得有一種力量往回拉著他。他仔細觀察了一下這木屋，卻發現整間木屋都在傾斜。若把地上擺著的棋子、空玻璃瓶、小球等推動一下，它們就會奇妙地沿著斜面從低處滾向高處，而絕不會後退半寸。

就在這座歪斜如義大利比薩斜塔的古舊木屋中，曾有許多科學家進行過長時間的試驗。他們用一條鐵鍊，連著一個13公斤重的鋼球吊在木房的梁架上，鋼球也明顯傾斜成一個角度，朝向漩渦中心。

「啊！真是太神奇了，這究竟是什麼原因呀？」這位探險者，很好奇也很疑惑。後來，他查找了所有關於這方面的資料才得知：

在這座木房子裡，任何成群飄浮著的物體都會聚成漩渦狀。你若在小屋裡吸煙，上升的煙氣即使有風也是慢慢地流動，逐漸加速自旋成漩渦狀。你若撒出撕碎的紙片，這些碎紙片也會飛舞成漩渦，就好像有人在空中攪拌紙片似的。

你知道嗎？這位探險者所去的那個森林，現在人們管它叫「俄勒岡漩渦」，有的研究者認為，出現這「俄勒岡漩渦」可能是重力與電磁力在配合作怪。

有關人員曾在此地用儀器測出一個直徑約50米的磁力圈，它以9天為週期，循著圓形軌道移動。迄今為止仍是一個令許多科學家頭痛的難解的問題。

眼界大開

別想直起身子的地方

一天，有個人來到美國加利福尼亞州聖柯斯小鎮的郊外，那裡有一片茂密的樹林。當他走進樹林，眼前卻出現了奇怪的一幕：樹林裡所有的樹木都向同一方向大幅度傾斜。同樣的，他感覺自己在這裡也無法垂直站立，身軀會不由自主地向同一方向傾斜。但他也絕不會因傾斜而跌倒，而且還能步履穩健、毫不費力地走路。

他還發現在這個地方，凡是懸掛著的東西，都無法與地面形成直角，而總是處於傾斜狀態；甚至從空中落下來的物體，也是斜斜地飄下。

如果把圓球放在一塊斜木板上，球兒竟會從低處向高處滾動。在這裡還有一間小木屋，當他走進屋內，卻無需任何

扶持，就可斜斜地站在板壁上而不會跌下來。

　　這種怪異的現象顯然違反了牛頓的萬有引力定律。雖然科學家們正在努力探究這其間的奧祕，但目前還沒有人能解釋這個神祕的現象。

05 重力失效的地方

地理課剛開始，老師就對同學們說：「有句諺語叫做『人往高處走，水往低處流』，以我們的日常經驗，我們也不難發現『水往低處流』幾乎是自然界的必然現象。但是，我要告訴大家的是，在地球上卻還存在著這麼一個地方，那裡的水一反常態，不是往低處流，而是流向高處。」

「真的有這種地方嗎？簡直太不可思議了！」同學們對老師的這一席話感到大為吃驚。

「是的，」老師說：「如果有機會到台東縣一條公路附近開闢的觀光景點去看看，就會懷疑地心引力在此地是否失常了。你不得不睜大自己的眼睛，這裡有一股河水分明是傍著山腳往上流去的，是名副其實的『逆流河』，真的很特

別。來到這裡觀光客看到過『水往高處流』的奇蹟時，無不咋舌。」

「在中國新疆地區也有這樣一條河，這條河呈南北走向。順著這條小河觀察它的走向，眼看著河水從下游的低窪處沿著山坡像蛇一樣逶迤向上流行，最後竟爬上一個十幾米高的小山丘。河水在山丘上轉了兩個彎，然後在山丘的另一側又順著山坡向下游流去。駐守在這個小山丘上的邊防戰士天天利用這股「神水」燒水、做飯、洗衣、澆地，只是弄不清楚這河水為什麼會往高處流。測繪人員曾專程來這裡實地勘察，證實山丘確實高出上游河面14.8米。很多地理、地質學家都對這條河進行過親臨實地的考察，但是，誰也無法解釋出其間的緣由。」聽完之後，同學們都感到十分好奇，望著他繼續講一些怪事。

看到同學們這種期盼的神情，老師繼續說：「其實，地球上類似的重力之謎還有很多。在津馬布韋境內西諾亞洞中的一個深潭，它位於這個豎井般直伸地面的石洞底部，距地面數十米；一潭深藍色的清水宛若一塊巨大的寶石瑩閃光。洞直壁上有透穴，石洞的下部有一穴口，潭水從這裡流出，綿延形成長達15公里的地下河。

「這個深潭有著『魔潭』之稱，為什麼會這樣呢？原來它有一種魔法般的引力。明明潭面只有10餘米寬，按理說將

一塊石頭從水潭的此岸扔向彼岸的石壁，不該費什麼力氣，可事實上連大力士都絕對無法將石頭扔過去，飛石一過潭面必定要下墜入水。不可能麼？也確有不服氣人的想，人力不行，就借助於槍械。但一顆子彈射出去，同樣無法擊中深潭對面的石壁，就如同被什麼神力吸住了似的，往下落入潭中。

「有關這樣的實驗已進行過無數次。西諾亞洞中的魔潭的這種神奇的引力由何而來？直到今天，沒有人能夠解開這個祕密。」

聽了老師這麼長的講述，同學們個個都充滿好奇但又疑惑重重。

奇特的斜坡

美國猶他州有一條「重力之山」的斜坡道。這段斜坡的公路長約500米，若驅車而下，在半途剎住車，車子會慢慢後退，像被一股無形的力量拉著，硬是往坡頂爬去。但嬰兒車、籃球等從坡頂放下去，總是一路滾到底，從未出現往坡頂倒爬的現象。經過無數次的實驗證明，質量越大的物體越容易往坡上爬，質量過輕就無法產生這種效應。

永續圖書
線上購物網

www.foreverbooks.com.tw

▶ 聰明大百科：地理常識有 GO 讚！　（讀品讀者回函卡）

■ 謝謝您購買這本書，請詳細填寫本卡各欄後寄回，我們每月將抽選一百名回函讀者寄出精美禮物，並享有生日當月購書優惠！
想知道更多更即時的消息，請搜尋 "永續圖書粉絲團"

■ 您也可以使用傳真或是掃描圖檔寄回公司信箱，謝謝。
傳真電話：（02）8647-3660　　信箱：yungjiuh@ms45.hinet.net

◆ 姓名：＿＿＿＿＿＿＿＿＿＿＿　□男 □女　　□單身 □已婚

◆ 生日：＿＿＿＿＿＿＿＿＿＿＿　□非會員　　□已是會員

◆ E-mail：＿＿＿＿＿＿＿＿＿＿＿　電話：（　）＿＿＿＿＿＿

◆ 地址：＿＿＿＿＿＿＿＿＿＿＿＿＿＿＿＿＿＿＿＿＿＿＿＿＿

◆ 學歷：□高中以下　□專科或大學　□研究所以上 □其他＿＿＿＿

◆ 職業：□學生　□資訊　□製造　□行銷　□服務　□金融
　　　　□傳播　□公教　□軍警　□自由　□家管　□其他＿＿＿

◆ 閱讀嗜好：□兩性　□心理　□勵志　□傳記　□文學　□健康
　　　　　　□財經　□企管　□行銷　□休閒　□小說　□其他

◆ 您平均一年購書：□5本以下 □6~10本　□11~20本
　　　　　　　　　□21~30本以下　□30本以上

◆ 購買此書的金額：＿＿＿＿＿＿＿＿

◆ 購自：□連鎖書店　□一般書局　□量販店　□超商　□書展
　　　　□郵購　　　□網路訂購　□其他

◆ 您購買此書的原因：□書名　□作者　□內容　□封面
　　　　　　　　　　□版面設計　□其他

◆ 建議改進：□內容　□封面　□版面設計　□其他＿＿＿＿＿
　　您的建議：

剪下後傳真、掃描或寄回至「22103新北市汐止區大同路三段194號9樓之1讀品文化收」

讀好書品嚐人生的美味

聰明大百科：地理常識有GO讚！